四川果梅生产
理论与实践

唐志康　主编

中国农业出版社
北　京

主编简介：

唐志康，男，四川井研人，农学博士，西南科技大学生命科学与工程学院副教授，硕士生导师。教育部学位论文评审专家；国家和四川省科技下乡万里行专家成员；四川省非主要农作物认定委员会药用植物专业组委员；四川省"10＋3"产业中药材产业专家团成员；四川省科技厅、四川省农业农村厅项目评审专家；四川省中医药学会药食同源专业委员会委员；阿坝州西科道地中药材产业技术创新中心执行副主任。近5年主持（研）省部科研项目7项，获得授权专利8项，发表学术论文10余篇。主持获得乐山市人民政府科技进步一等奖1项，主持审（认）定四川省中药材新品种2个。主讲农业推广学、农业推广理论与实践、农业气象学等本科和硕士研究生课程。

编 者 名 单

主　　编：唐志康

参编人员：许　珂　（四川省园艺推广总站）

　　　　　郭小文　（达川区农业农村局）

　　　　　梅国富　（达川区茶果站）

　　　　　张　文　（西南科技大学）

　　　　　舒晓燕　（西南科技大学）

　　　　　陈　平　（西南科技大学）

　　　　　刘　超　（西南科技大学）

前 言 ////////

梅（*Prunus mume* Sieb. et Zucc.），蔷薇科（Rosaceae）李属（*Prunus Li.*）植物。根据其花器官结构差异、结实能力及用途的不同，分为果梅和花梅（梅花）。果梅根据果皮颜色不同，分为青梅、红梅、黄梅等，目前全国种植品种主要为青梅。中药材"乌梅"和"梅花"分别为青梅的近成熟果实和花蕾干燥而成。

果梅作为重要的果树资源，在四川省具有得天独厚的生长条件和悠久的栽培历史。随着农业产业结构的调整和市场需求的不断变化，四川果梅产业迎来了前所未有的发展机遇。为了全面总结四川果梅生产实践经验，推动果梅产业的科学发展，我们特编写本书。

《四川果梅生产理论与实践》系统介绍了四川果梅产业的发展现状、种质资源、栽培管理技术、产品加工技术、分析检测技术及梅文化等方面的内容。在编写过程中力求做到理论与实践相结合，既注重科学理论的阐述，又关注生产实践的总结。同时，也充分吸收了近年来国内外果梅研究的新成果、新技术和新方法，力求使本书内容具有前瞻性和实用性。

通过阅读本书，读者可以全面了解全国和四川果梅产业的发展历程、现状和未来趋势，掌握果梅种质资源的分布、特性及评价利用方法，学习果梅栽培管理技术和加工技术，了解果梅品质检测和农药残留检测等方面的知识。此外，本书还从文化角度介绍了梅在诗词、饮食和旅游等方面的独特魅力，使读者在品味果梅美味的同时，也能感受到梅文化的深厚底蕴。

编写人员主要来自西南科技大学、四川省园艺推广总站、达川区茶果站、达川区农业农村局等高校和单位，主要从事果梅教学、科研、生产管理和产业推广工作，均具有扎实的理论基础和丰富的实践经验，对所撰写的领域非常了解，能够进行客观的描述和评述。其中，第一章由四川省园艺推广总站许轲研究员、西南科技大学唐志康副教授编写；第二章由西南科技大学唐志康副教授、陈平博士、刘超老师编写；第三章由达川区农业农村局郭小文研究员、达川区茶果站梅国富研究员编写；第四章由西南科技大学舒晓燕副教授编写；第五章由西南科技大学张文副教授编写。第六章由西南科技大学唐志康副教授编写。编写组虽竭尽全力，但仍难免有错误或不妥之处，还希望同行批评指正。

我们相信，《四川果梅生产理论与实践》一书的出版，将对推动四川果梅产业的持续健康发展、促进果梅科研与生产的深度融合发挥积极作用。同时，我们也期望广大读者能够从中受益，为四川果梅产业的繁荣和发展贡献自己的力量。

最后，要感谢所有为本书编写和出版付出辛勤努力的同仁们，也要感谢广大读者对本书的关注和支持。我们将继续努力，为四川果梅产业的繁荣发展贡献更多的智慧和力量。

编　者

2024 年 4 月

目 录

第一章 梅的发展历史与产业现状

第一节 梅的起源与传播

梅原产于中国，野生资源分布广泛，人工栽培历史悠久，是我国古老而重要的树种之一。早在距今 3 000 多年前的商朝时期，梅已被记载为与盐并称的调味品。《神农本草经》记载有梅的花、叶、枝、根等药用功效，《齐民要术》就梅的形态特征、果实品质以及与杏的区别作了描述，并详细记载了梅的栽培管理技术，表明我国先民在梅的栽培与利用上已有较为丰富的经验。

据考古和文献记载，梅的起源地可追溯到我国西南部地区，经过漫长的自然演化和人类驯化历程逐渐形成了现代栽培品种，并逐渐在东亚和欧洲等地传播开来。1979 年，河南新郑裴李岗遗址地下发掘出的炭化果核，进一步证实了早在距今 7 000 多年前河南新郑一带就有野生梅树存在。在中国南方的偏远山区，至今仍存在着处于自然状态的野生梅树群落。世界范围来看，现代梅的资源分布主要集中在中国、日本、朝鲜、韩国、泰国、越南、老挝等亚洲国家，中国的种植面积和产量均为世界第一。梅果营养丰富，是我国重要的药食两用资源之一。随着人们对梅果营养保健价值认识的逐步深入以及梅产品开发的持续推进，梅已成为一种备受现代人喜爱和重视的果树树种。

梅还有丰富的文化内涵，是中国传统文化象征之一。《诗经》《山海经》《尔雅》等古籍中都有关于梅的记载，充分反映出当时人们对梅的重视和赞美。

一、梅的起源与起源中心

物种起源一般有两种方式，一种是从一个原始物种逐渐变化而来，另一种是两个物种自然杂交。对于一种植物来说，其自然分布范围与其发生历史、适应能力、扩散能力、自然条件以及障碍物的分布规模有关。一般认为，物种多样性的中心也是物种的起源中心。目前研究证明，梅同李、杏之间的亲缘关系均较为密切，但对梅的具体起源问题，国内依然有两种不同的观点。第一种观点以李璠（1984）为代表，认为梅是杏的一个分支，即梅是从杏逐渐演化而来。持类似观点的包括两部分学者，综合考虑核果类物种起源演化顺序，一部分认为梅的演化顺序为樱桃→李→杏（→梅）→桃，如俞德浚（1945）、褚孟嫄（1999）等，另一部分认为其演化顺序为李→樱桃→杏（→梅）→桃，如王业遴（1992）、刘连森（1994）等。吕英民（2010）等也认为梅是由最原始的普通杏进化而来。目前植物学上对梅的分类为：梅（*Prunus mume* Sieb. et Zucc.），属蔷薇科（Rosaceae）李属（*Prunus* L.）植物。

第二种观点以陈俊愉（1992）为代表，认为梅是杏与李的杂交种，桃、山杏亦或参与其间。陈俊愉根据植物采集者当时的报告以及中国和日本出版古籍的记载，认为日本杏（又称"梅花"）起源于中国。植物采集者最早发现的野生梅花树是两个野生变种，即淡色梅花（*P. mume* var. *pallescens* Franch）和弯曲梅花（*P. mume* var. *cernua* Franch），它们分别于 1887 年和 1910 年在中国云南省大理市发现。后来，在中国湖北宜昌（1907）和四川汶川县西部（1908）也发现了野生型梅花（Liansen et al.，1993）。

根据中国科学院北京植物研究所标本室的标本显示，在 20 世纪初，英国园艺和植物学家威尔逊（E. H. Wilson）首先在四川和湖北发现了大量野生梅花，后来在贵州、江西、福建、浙江、广东、广西、云南也相继发现了野生梅花。中国园艺学家包满珠（1989，1991）在西藏波密县和云南洱源县调查发现了野生梅分布，在四川木里县也发现了野生梅的零星分布，这些野生资源主要位于四川西南部、云南西北部和西藏东南部交界处的横断山脉和云贵高原交界处附近。在交界处附近范围内，梅的变异相对较高，有许多突变体和高遗传多样性，几乎包括所有已知变种。因此，刘连森（1993）认为横断山脉是梅花的自然分布和遗传多样性中心。

后续调查发现，梅在中国其他地区也有广泛分布，包括长江流域、珠江流域、西南地区和台湾。分布范围从西部的西藏通麦和林芝到北部和南部地区。北线从通麦向东北延伸到四川，再向东北延伸到甘肃西南部和陕西，然后向东延伸到湖北、河南南部、安徽黄山、江苏宜兴、浙江临安，最后到达中国东海沿岸。南线也始于通麦，向东延伸至云南德钦和临沧，然后进一步延伸至广西、广东、福建和台湾。

关于梅的起源，陈俊愉（1989）和包满珠（1990）等提出并逐步完善了他们关于梅的起源中心学说，并按梅树自然分布的数量多少将自然分布区分为 3 个层次，即滇西北、川西南以及藏东一带的横断山区为野生梅分布中心区；川东、鄂西分布区，皖东南、赣东北、浙江分布区，广西、广东分布区和台湾分布区为野生梅分布亚中心区；鄂东山区、湖南中部山区、江苏南部部分山区、福建部分山区、广西山区、贵州山区、湖南西部部分山区等地为野生梅零星分布区。

后续研究者汪长进等（1995）研究认为，云南省大理白族自治州地处横断山脉南缘、云贵高地西端，是川、滇、藏交界的横断山区梅的自然分布中心区，不但是野生梅分布最集中的地区，也是梅发生自然变异的主要场所。在远古的地质年代，这里曾是包括梅在内的许多古老植物的天然避难所，特殊的地质地貌、奇异多样的生态环境条件，形成了丰富的梅树品种资源，使这里成为世界果梅原生地的核心地。向显衡（1996）认为梅的起源中心在云贵地区，先从云贵传播到邻近区域，再传播到江南。其主要理由有四点：一是云贵野生梅分布广、数量大、种质资源极丰富，从云南来看，不仅滇西有大量的野生梅分布，而在滇东与贵州邻近的地区也有野生梅分布。贵州野生梅分布遍及全省，数量亦多。二是集中分布于交通不便的边远山区，引种梅的可能性较小。三是从自然传播的途径来看，自然传播主要靠水流。以贵州为例，其河流属珠江和长江两大水系的上游，梅只能靠河流由上而下地传播，可在其下游的适宜地带繁衍，经长期的自然和人工选择，繁殖栽培。四是贵州的自然生态条件比较适宜梅的自然繁衍。

经过人们长期以来的筛选改进，现已育成数百个不同的梅品种。根据陈俊愉（2010）对收集到的 323 个梅花品种研究后分提出的分类方法，将梅花分为 3 系 5 类 18 型，首先按其种源组成分为真梅、杏梅和樱李梅 3 个种系（branch），其下按枝态分若干类（group），再按花的特征分若干型（form）。梅花"3 系 5 类 18 型"分类法在业内影响深远，在此基础上，陈俊愉通过持续探索研究，在保留二元品种分类特色的同时，又与国际接轨，将种系改为品种群，在梅种之下设了 11 个品种群，成为我国梅花品种分类体系研究的新突破。

二、梅的演化与传播

梅的演化与传播与气候、生态和人类活动密切相关，是一个复杂的过程，涉及自然环境、人类活动和经济需求等多个因素。梅树因其果实的食用和药用价值而被驯化，这在中国最早的诗歌选本《诗经》中就有记载。梅的演化过程大致可分为从野生梅到果梅，再到花梅，最后形成了花果兼用的梅树品种这 3 个阶段。

1975 年，我国考古人员在安阳殷墟商代铜鼎中发现了梅核，证明早在 3 000 多年前野生梅就已被作为食品。到了西汉时期（公元前 202 年至公元前 8 年），人们越来越喜欢这一物种的花朵，开始对花梅进行杂交，并获得了用作观赏植物的梅变种（*P. mume* var. *typical* Maxim.）和梅变种（*P. mume* var. *alphandil* Rehd.）。

陈俊愉（1989）将我国果梅的栽培历史粗分为两大阶段，约在西汉时期前，以果梅引种栽培为主；在此之后为花梅栽培阶段，并将此时期再分为初盛、渐盛、兴盛、昌盛及发展 5 个时期。

初盛期：远古时代人们种植梅树的目的，是作为食品或供祭祀之用。在长期的驯化栽培过程中，出现了复瓣、重瓣、台阁及奇异的花瓣或萼片、新奇的枝姿、色泽艳丽的花朵等，于是有人便另行繁殖栽培，从而培育出许多观赏价值较高的新品种。据推测，初盛时期应开始于西汉初期，有关梅花品种的最早文字记载，是同时期的《西京杂记》："初修上林苑，群臣远方，各献名果异树，亦有制为美名，以标奇丽者。梅七：朱梅、紫叶梅、紫华梅、同心梅、丽枝梅、燕梅、猴梅"。在晋代，梅花栽培较为普遍，亦有咏赞梅花的诗赋出现。到南北朝时，梅花的应用愈多，有关梅花诗文、韵事等也极盛。正如杨万里在《洮湖和梅诗序》中所云："梅于是时始以花闻天下"。在初盛期，梅花主要是在南方地区进行栽培，如长江流域和珠江流域等。当时的栽培主要是为了赏花，梅花被视为高雅品质的象征。

渐盛期：隋、唐和五代十国时期，梅的栽培逐渐扩展到更广泛的地区，并进行了品种选育和栽培技术的改良，还通过嫁接的方法进行种苗繁殖，梅的品种有所增多。当时的文人墨客对梅花情有独钟，咏梅的诗赋大量涌现，对宣扬梅花精神、提高梅花知名度和扩大梅花栽培规模，具有相当大的推动作用。在此后的时期，赞美梅花的人数显著增加，梅花咏史和赞美的作品也呈现出更加丰富多样的风格和形式，涵盖了诗歌、绘画、音乐等多个艺术领域。这种现象的出现，不仅反映了人们对梅花的深刻喜爱和推崇，同时也彰显了梅花在我国文化传承和审美追求中的重要地位。

兴盛期：在宋元时期，我国梅的发展进入兴盛时期，梅花的栽培技术有所提升，梅花品种的选择和繁殖技术更加成熟，新品种不断涌现，与梅有关的诗歌、文章、绘画、书籍等纷纷脱颖而出，人们对梅花的推崇和热爱达到了高潮。值得一提的是，南宋时期的文人范成大可以被称为赏梅、咏梅的名家，其在梅的艺术创作和记录方面也取得了令人瞩目的成就。他在苏州石湖的辟范村收集了 12 个不同品种的梅花，并于 1186 年完成了中国乃至全世界第一部专门研究梅花的著作《梅谱》。这部著作详细介绍了各个品种的梅花特点、栽培技术和赏析方法，对后世的梅花研究产生了深远的影响。此外，至今在云南昆明的曹溪寺中，仍存有一株元梅，年年都能开花结果。

昌盛期：到了明清时期，梅的栽培得到了进一步的发展，栽培规模进一步扩大，人们开始广泛种植梅花，并形成了许多梅花园和梅花栽培的专业技术。此阶段出现与梅花有关的诗、文、画、书等也反映出了这一特点，梅花的观赏和文化价值也得到了进一步的弘扬和传承。如明代王象晋《群芳谱》记载梅花品种达 19 个之多，并将其分属白梅、红梅与异品 3 大类，对各品种附有简单记载，且介绍了繁殖与栽培技术。清代《花镜》记载了 21 个梅花品种。明代的文人徐霞客和清代的袁枚等都对梅花的栽培和观赏进行了系统的总结和研究，并提出了许多栽培技术和品种选育的方法。

发展期：辛亥革命以后，梅花栽培进入了现代发展时期。随着科学技术的进步和人们对梅花的不断研究，梅花品种也由各地分散种植到集中入圃。梅花栽培、研究事业颇为兴盛，品种间杂交和远缘杂交均见成效。现代梅花栽培注重品种改良、病虫害防治、栽培管理等方面的研究，以提高梅花的观赏效果和经济价值。

中华人民共和国成立后，我国对梅花的研究更是飞速发展，在种质资源、育种、繁殖栽培技术、生理、分子生物学、梅文化、梅花应用等方面，取得了可喜成绩。近些年来随着对外交流的增多，全国各地先后从日本、美国等地引进 100 多个梅花品种。国际园艺协会于 1998 年授予陈俊愉院士及其领导的中国梅花腊梅分会为梅花及果梅的国际植物（品种）登录权威，这是中国第一个植物品种获得国际登录权。

目前我国已建成国家果梅杨梅种质资源圃（National Field Genebank for Prunus mume and Waxberry），挂靠单位为南京农业大学。经过 10 多年的建设，资源圃已成为世界保存果梅杨梅种质最为丰富的资源平台，其主要任务是果梅杨梅种质资源的收集、鉴定、保存、编目和分发利用等工作。

国家果梅杨梅种质资源圃果梅圃位于江苏省南京市溧水区南京农业大学白马教学科研基地，杨梅圃位于江苏省苏州市吴中区东山镇江苏省太湖常绿果树技术推广中心。其中田间保存圃占地 10hm^2，优异种质展示圃 3.33hm^2，鉴定平台 300m^2，圃内全程物联网控制、机械化和智能化管理。截至 2021 年底，已收集保存果梅杨梅种质资源 505 份，果梅主要来自日本和中国主要梅产区，杨梅主要来自美国、日本以及我国的台湾、浙江、福建、江苏等主要杨梅产区。同时，已向国内大专院校、科研院所、生产单位或个人提供优异种质资源 2 715 份次，提供的资源包括叶片、花粉、种子、果实、砧木、接穗、种苗等。

第二节　梅的分布与区划

一、梅的分布

野生梅通常生长在丘陵、山地之中，也有的生长在河谷地区的山坡、溪边、林缘、耕地旁或村庄周围等湿润环境中。气候条件对梅的生长发育和果实产量具有重要影响，适宜的温暖湿润气候是梅树生长繁茂并正常结果的关键影响因素。此外，梅对土壤类型、水分和光照等环境因素也有一定要求。现代生产中按照用途的不同，将梅分为花梅和果梅两大类。

梅在我国云南、四川、重庆、贵州、西藏、湖北、湖南、广东、广西、福建、香港、台湾、江西、安徽、浙江、江苏、河南、陕西和甘肃等 19 个地区均有分布。除了中国，梅也在日本、韩国、朝鲜、泰国等亚洲国家有一定的分布。在日本，果梅被广泛种植，并且在农业和文化领域都具有重要的地位。在韩国，果梅也是重要的果树之一，被用于制作传统的果酱、梅酒和茶等。在美国、澳大利亚等国家，也有少量的果梅种植。这些地区的气候和土壤条件与果梅的原产地有所不同，因此种植面积相对较小。

近年来中国果梅产业发展快速，传统主产区种植面积逐年扩大，其中广东种植面积最大，台湾果梅产量最高，广西、云南和福建也发展迅速，东南沿海与西南山区的面积和产量均已占全国的主要位置。目前果梅的人工栽培范围正向北越界推移，已在河南的民权、禹州、新郑等地引种栽培成功，并具有良好的经济效益，突破了传统上以长江为果梅栽培北缘的界限。

（一）果梅在国内的分布

1. 广东省　广东省是我国果梅最重要产区之一，除雷州半岛外，全省各市、县均有果梅分布，主产市（县）有粤东的普宁、潮安、潮阳、饶平、揭东、揭西，粤西的新兴、封开、郁南、怀集，粤北的连南、连州、连山、阳山、连平，粤中的佛冈、增城、博罗、龙门、惠阳、惠东。分布最南的是位于北纬 21°34′的台山市下川岛。

普宁市位于广东省的东南部、潮汕平原的西缘，是闻名遐迩的水果之乡，果梅是普宁市最大宗水果，种植加工历史悠久，品质上乘，享誉海内外，是广东省普宁市特色农产品，同时也是国内最大的果梅产销集散地。普宁市 1995 年被农业部命名为"中国青梅之乡"，2008 年"普宁青梅"获国家质检总局批准实施地理标志产品保护，2012 年被农业部认定为"全国青梅标准化示范县"，2013 年"普宁青梅"商标注册成功。"普宁青梅"以其果大、肉厚、核小、酸度高，果皮柔韧、不易破损、肉质柔软、晒干率高、色泽鲜艳、成品保色期长等优点而著称。"普宁青梅"的品牌价值在中国果品流通协会公布的"2018 中国果品区域公用品牌价值评估"中为 17.10 亿元。目前普宁市主栽的优良品种有 10 个，包括软枝大粒梅、大青梅、白粉梅、黄枝梅、软枝乌叶梅、青竹梅、软枝大青梅和矮白梅品种等。

梅果加工在普宁市果品业中占相当重要的地位，加工品种繁多。普宁市梅制品有 200 多个品种，涵盖盐渍、凉果、果酒、饮料、熏制 5 大类，主要有干湿梅、咸水梅、蜜梅、酥梅、陈皮梅、情人梅、相思梅、甘草梅、话梅等，还有梅酱、梅酒、梅汁等 3 个系列几十个品种。其中酥梅以其色泽雅观、肉质酥脆、品质上乘，具有原果风味而评为"国家级新产品"，被外商誉为"凉果之珍品"。普宁市先后打造出小梅屋、真爱、中梅、绿源等近 10 个著名商标，青制古原梅、蜂蜜味梅饼等省级名牌产品4个。

2. 福建省 福建省是我国果梅主产省份之一。以闽东的永泰县栽培面积最大；其次是闽西的上杭县，以上两县均为果梅传统产区；再次是闽南的诏安县和闽东北的松溪县，为果梅发展新区；莆田、闽侯、连江、大田、南平、浦城等为一般产区。

诏安县隶属福建省漳州市，由于诏安土壤独特、水质以及气候条件适宜果梅生长，自南宋开始那里的百姓就开始种植果梅。"诏安红星青梅"是诏安两个独具特色的品种白粉梅和青竹梅的统称，因果大、皮薄、肉厚、核小、酸度适中而驰名中外。果梅产业是诏安县的特色产业，诏安县政府非常重视青梅产业的发展，果梅产业也成为该县脱贫攻坚的主导产业。目前当地果梅产品主要出口日本、韩国等国家和地区。

3. 江苏省 江苏省是中国东部沿海地区的一个经济发达省份，同时也是一个重要的果梅产区。江苏省地处亚热带季风气候区，气候温和湿润，适宜果梅的生长。同时，江苏省的地理环境条件多种多样，包括山地、丘陵、平原等多种地形，为不同品种的果梅提供了适宜的生长环境。江苏省的果梅产业以青梅为主，以其果大、皮薄、肉厚、核小、酸甜适中而闻名。主要的青梅产区包括徐州、连云港、淮安、盐城等地。其中，徐州市的铜山区被誉为"中国铜山果梅之乡"，以种植果梅而闻名。铜山区的气候和土壤条件非常适合果梅的生长，而且当地农民对果梅的种植和加工技术有着丰富的经验。淮安市的洪泽区也是果梅的主要产区之一，当地的果梅品质优良，深受市场欢迎。

江苏省盐城市也是江苏省重要的果梅产区之一。盐城市盐都区和大丰区的果梅种植面积较大，当地的果梅以果实饱满、品质优良而著称。同时，连云港市的灌云县也有着悠久的果梅种植历史，当地的果梅在市场上有着很好的口碑。

江苏省的果梅产业已形成了一条完整的产业链，包括种植、采摘、加工和销售。当地农民在果梅种植方面具有丰富的经验，同时，果梅的加工企业也逐渐壮大，能够提供多样化的果梅产品。这些产品包括新鲜果梅、果脯、果酱、果汁等，满足了不同消费者的需求。此外，江苏省的果梅产品质量优良，在市场上享有较高的知名度和美誉度，其优质的口感和营养价值受到了消费者的青睐。同时，江苏省的果梅产品也逐渐实现了多样化，不仅在国内市场具有一定的市场份额，还出口到了国际市场，为当地经济发展做出了贡献。

4. 四川省 果梅在四川省的分布区域极为广泛，主要集中在川西高原及川东丘陵地带，是我国著名的果梅产区之一。其果梅主要分布在成都平原、乐山、雅安、眉山、宜宾、绵阳、达州等区域。在四川省的果梅产业中，以乐山市马边县、成都市大邑县、绵阳市平武县和达州市达川区四大果梅产区最为著名。

5. 广西壮族自治区 广西壮族自治区境内果梅资源分布广泛，栽培历史悠久，从东北部的钟山县到南部的浦北县，从东部的贺州市到西部的凌云县都有果梅栽培，各产区至今还有不少百年以上的老树仍在开花结果。由于其独特的地理环境和气候条件，这些地区成为广西果梅的主要产区。果梅产业是当地的重要产业之一，具有丰富的资源和潜力。

广西境内果梅品种多样，包括青梅、红梅、白梅等多个种类，每一种都有独特的口感和营养价值。在全区及桂东北果梅生产基地，主要推广从钟山县选出的钟山大肉梅，该品种丰产稳产性好，单果重达 20g 以上，可食率达 90%以上。而从贺州市选出的鹅塘白梅单果重 25～30g，鹅塘大肉梅单果重更高达30～35g，这两个品种也有一定种植面积。

经过长期发展，广西已形成从种植、采摘、加工到销售较为完整的果梅产业链条。农民在果梅种植方面积累了丰富的经验，加工企业也逐渐形成了一定的规模，能够提供多样化的果梅产品。此外，广西果梅产品质量优良，具有较强的市场竞争力。广西果梅产品在市场上享有较高的知名度和美誉度，其优质的口感和营养价值受到消费者的青睐。同时，在加工方面，广西的果梅产品也逐渐实现多样化，包括果脯、果酱、果汁等多种加工产品，满足不同消费群体的需求。

6. 浙江省 浙江省是我国东部果梅主产区，拥有着丰富的果梅资源和悠久的栽培历史，产量和产值均较高。浙江省地处亚热带季风气候区，气候温和湿润，非常适宜果梅的生长发育。同时，浙江省的地理条件多样，包括山地、丘陵、平原等多种地形，为不同种类和品种的果梅提供了适宜的生长环境。全省有 55 个市（县）栽培果梅，以长兴、嵊县、奉化、萧山、上虞为多，其次是德清、安吉、临安、建德、绍兴、新昌、宁海、天台、临海、温岭、玉环等县。出口制品有盐渍梅、盐水梅、梅胚、速冻梅晶汁等，主要出口日本等地，每年出口量约占总产量的 60%，因此，全省的果梅生产受外贸形势的影响较大。

7. 云南省 云南省位于中国西南地区，除北纬 22°以南外，全省均有果梅分布，但主要分布于西北部大理白族自治州的洱源、鹤庆、剑川、丽江和西部的腾冲、保山等海拔 2 500m 左右的山地，当地 6—7 月梅果能够成熟。这些地区的气候条件和土壤环境都非常适宜果梅的生长。云南省的梅资源极为丰富，截至目前已选出 20 多个优株进行繁殖和生产推广。这些品种既有大果类型，也有小果类型，既有青梅，也有红梅，更有花洁白似雪的冰梅，还有鸳鸯梅、品字梅等，不少品种果用观赏兼优。

8. 湖北省 湖北省位于中国中部，地处长江中游地区，具有丰富的果梅资源和较为适宜的气候条件，这使其成为一个重要的果梅产区。果梅主要分布在武汉、黄石、宜昌等地，集中在长江流域的丘陵和山地地区，这些地区的气候和土壤环境非常适宜果梅的生长，种植面积较大，产量和质量较高。

9. 湖南省　湖南省果梅以长沙、湘潭、株洲、岳阳、郴州、沅江、祁阳等地较为集中。

10. 安徽省　安徽省果梅栽培面积较少，地处长江流域和黄河流域交汇地带，主要分布在合肥、芜湖、马鞍山等地。

11. 贵州省　贵州省境内各市均有野梅分布，数量也多，仅东南部的荔波县，野梅和实生梅的产量达300t以上，但目前人工栽培极少，生产潜力大。

12. 台湾省　距今大约260年前，台湾省开始从福建省和广东省引进果梅进行种植。目前果梅生产集中于台湾中部中央山脉西侧海拔300~1 000m的坡地。台湾省南投县信义乡从一个青梅到"梅子梦工厂"，信义乡的梅子产业整合了区域自然资源、文化资源、技术资源、人力资源、组织资源，形成了传统农业产业、工业、服务业、文化创意产业四大产业体系的高度融合，并在管理上采用以"梅子梦工厂"为企业品牌主体的现代管理体系和品牌架构，值得借鉴。台湾省果梅除加工成凉果、梅汁、梅精内销外，梅果总产量的60%加工成梅胚出口日本。

此外，江西、陕西东南部、甘肃、河南南部、西藏昌都等地区，也都有果梅分布。

（二）果梅在国外的分布

果梅在国外仅有日本、韩国、泰国等亚洲国家进行种植和商品性生产，欧洲、美洲等地人工栽培数量极少，且仅用作观赏，未用作药物与食物。

1. 日本　果梅是日本一个很重要的经济树种，品种主要包括日本梅、红叶梅等。日本果梅产业非常发达，不仅要满足国内市场需求，还精制后出口欧洲、美洲等地。日本北部地区的果梅几乎是梅与杏的杂交种，较耐寒，纯种的梅则喜欢温暖条件，多分布在南方的岛根、鸟取、和歌山、奈良、香川、爱媛等地，这些地区的气候条件和土壤环境都非常适宜果梅的生长。在日本，群众日常生活喜欢食用盐梅和梅酒，随着人们对保健品的需求越来越迫切，国内种植已供不应求，每年需要从中国大陆及台湾大量进口梅胚、湿梅干等半成品。

2. 韩国　韩国气候整体呈现出四季分明的特点，冬季寒冷，夏季炎热，春季和秋季气候宜人，因此韩国果梅的主要产区包括全罗北道、全罗南道、庆尚北道和庆尚南道等地区。在韩国，果梅主要用于制作梅酒、梅干、果酱、梅子饭团等传统食品。梅酒是一种深受欢迎的韩国传统酒类产品，而梅干和果酱则广泛应用于烹饪中。此外，韩国人还喜欢将果梅用于泡茶，或者直接作为零食。

韩国政府也在积极推动果梅发展，鼓励农民进行果梅的规模化种植，通过政府的科研支持和技术指导，农民们普遍采用现代化的种植技术，有效提高了果梅的产量和质量。果梅的种植和利用丰富了韩国的农业资源，也丰富了当地的美食文化。

3. 泰国　泰国果梅主要产地包括北部和东北部的清迈、难牟、廊开和南奔等地区。这些地区的气候和土壤条件非常适宜果梅的生长，尤其是在热带气候条件下，果梅生长得更加茂盛。泰国政府也积极支持果梅产业的发展，通过技术培训、市场推广等方式，提高了果梅的产量和质量。

在泰国，果梅同样被用于制作梅酒、梅干、果酱等传统食品。此外，泰国人还喜欢将果梅用于制作清凉饮料，比如果梅汁，这在当地炎热的气候中非常受欢迎。果梅也常被泰国人用于制作果冻、糖果和甜点，成为当地美食文化的一部分。

二、我国果梅区划及引种

中国幅员辽阔，地理和气候条件差异巨大，果梅的栽培与推广也必然受到较大影响，因此需要进行种植区划分和研究。不同地区的果梅栽培品种、物候期、栽培管理要求和产品特点都有所不同，因此需要将亚热带和南温带进一步划分为不同的栽培分布区，以便更好地适应当地的气候和土壤条件。这有助于制定更科学的栽培管理措施，提高果梅的产量和质量，促进果梅产业的发展。同时，对果梅进行区划分和研究也有助于了解不同地区的地理分布和气候特点，为果梅的栽培提供科学依据。褚孟嫄（1999）、章镇和高志红（2015）等对我国果梅生产区进行了研究和划分。

（一）区划主要依据

1. 地理气候因素　果梅栽培分布区的划分依据首先是生态环境的差别，首要决定因素为地理气候，其中尤以在不同地貌区的温度条件、水分条件、日照条件起着最重要的作用。结合果梅的生长结果习性来看，在区划中应着重考虑的具体因子有：①地理位置（纬度、经度、地形、海拔等）；②年平均气温；③≥10℃的积温及其天数；④开花期的极端最低温度；⑤年降水量；⑥空气湿度的季节分布；⑦年日照时数；⑧土壤条件等。

2. 果梅生长结果表现的差异

（1）物候期的差异　中国各果梅栽培区都有其主栽品种，由于所在地域的不同，季节变化迟早的不同及品种的不同，果梅物候期的表现有显著的差异。高志红（2015）将南京市溧水区的主栽品种细叶青梅和广州市罗岗镇的主栽品种大叶青梅做了对比（表1-1）。

表 1-1 南京市溧水区和广州市罗岗镇 2 个果梅主栽品种的物候期差异

栽培地区	果梅主栽品种	开花期	新梢生长期	采收期
南京市溧水区 (31°40′N)	细叶青梅	2月上旬至3月中旬	4月上旬至5月中旬	6月上旬
广州市罗岗镇 (23°10′N)	大核青梅	12月中旬至翌年1月上旬	1月中、下旬至3月上旬	4月中、下旬

由于两地所处气候带不同（纬度相差 8°30′）、果梅品种不同，物候期相差 2 个月左右。因此，对不同的果梅栽培分布区进行引种，要研究该品种能否适应改变了的气候条件。根据过去的经验，果梅在不同的栽培分布区间引种，往往会出现某些方面不适应的情况，从而影响到果品的品质和价值。

（2）果肉内含物量的差异 云南省林业科学院王锡全等（1994）研究发现，云南省生长的本地果梅品种与引进的外地品种在果肉内含物主要成分和含量均有显著差异。他们分析了云南中北部丽江、大理白族自治州、保山 3 地（州）所产的当地品种盐梅、云南杏梅、云南大青梅、果用照水梅、苦梅等品种的果肉，测得其 pH 为 1.0~2.0，而大理白族自治州的鹤庆和丽江市，自浙江引进的大叶青梅、大叶猪肝梅以及自广东引进的广东桃梅果肉的 pH 为 3.0~3.5，引种的日本甲州小梅果肉其 pH 为 2.5。另外，云南当地品种梅果果肉每 100g 平均总有机酸含量为 5.99g，其中柠檬酸含量的平均值为 5.55g，维生素 C 含量为 11.79mg；日本甲州小梅果肉每 100g 有机酸总量为 5.11g，柠檬酸含量为 4.83g，维生素 C 含量为 9.13mg。由于云南产果梅酸度大，不宜生食，而加工成青梅酒、蜜饯、话梅、果梅果汁以及加工提炼柠檬酸则具有独特的风味和优越的条件。这与其生长地的地貌、气候及当地品种的特性密不可分。

这些研究充分说明，不同的果梅栽培分布区所生产的梅果实在产品特性和品质方面有差异，这些差异也影响到了所生产的加工品的质量。因此，各地的品种不同，主要的加工品种类也有所区别。

（3）社会经济因素 梅果及其加工品的生产，受制于市场需求，市场需求会影响到果梅栽培区的形成、面积和分布及变化。因此，果梅的栽培分布受社会经济因素的影响。

传统果梅产品包括休闲食品、饮料和调味品等，如梅蜜饯、话梅、糖梅、梅酒、梅醋、酸梅汤等。传统上，在苏州、杭州、福州、广州、潮州等大中城市附近有果梅栽培和梅果食品加工业，其果梅产品除满足当地需求外，还销往其他地区，如远销至东南亚。在这些地区形成了若干个栽培区并有一定的栽培面积分布。

自 20 世纪 80 年代以来，随着国内外梅果市场需求量的激增及梅果产品加工附加值的不断提高，果梅的栽培面积也迅速扩大。根据普宁市水果蔬菜局统计，普宁市截至 2018 年果梅种植面积为 1.11 万 hm^2，年总产量超过 5 万 t，全市初步形成以高埔、大坪、船埔、梅林、后溪等乡镇为主的果梅生产集群区，连片种植果梅 0.93 万 hm^2，66.6hm^2 以上生产基地有 28 个。普宁市的梅制品 80% 以上出口，远销日韩及东南亚、欧美、俄罗斯等 10 多个国家（地区）和我国的港、澳、台等地区，年创汇 5 000 多万美元，并带动周边地区果梅生产的迅速发展，使粤东沿海形成了中国最大的果梅产区。

果梅在云南主要产于西北部的大理白族自治州、保山、丽江 3 个市（州）。过去，尽管果梅资源丰富，但仅被视为野生或半野生状态的杂果。然而，自 1958 年以来外贸出口极大地刺激了果梅生产的发展，云南省的果梅栽培面积持续扩大，至 1995 年全省果梅栽培面积已发展到了 1 200hm^2，年产量为 8 200t，云南的中部和北部也逐渐形成了重要的果梅栽培分布区。

河南省黄泛区以前没有栽培果梅，在外贸需要的带动下，近几十年已发展了 1 000hm^2 以上的果梅栽培面积。民权县栽培的树龄达 18 年的果梅获得丰产，经济效益超过了一般农作物，该地区正逐步形成新的果梅栽培分布区。

近年来，梅果的保健功效日益受到重视，很多日本居民已养成每餐食用少量梅果的习惯。随着加工技术的进步，果梅加工品的质量不断提高、种类不断增多、风味不断提高，梅果成品、半成品的出口数量迅速增加，这又刺激了果梅生产的发展。

由此可见，果梅栽培分布区的形成，除自然因素外，社会经济因素也很重要。

（二）中国果梅栽培分布区和亚区

1. 各分布区、亚区的命名 分布区的命名主要依据生物地理气候带，亚区的命名主要依据影响到地区气候土壤条件的大的地貌单元。

2. 果梅栽培区域的划分 褚孟嫄等（1999）根据果梅的生态地理、气候条件，并参考社会经济和地域开发潜力状况，将我国果梅划分为 4 个栽培分布区和 8 个亚区。果梅栽培的主要气象、气候因子指标见表 1-2。

（1）北亚热带果梅栽培分布区 本区属北亚热带季风落叶常绿阔叶林气候型，可分为 2 个亚区：长江中下游丘陵山地亚区和汉中盆地亚区。

①长江中下游丘陵山地亚区。本亚区气候适于果梅生长，但冬春季潮湿多阴雨天气，影响果梅花期授粉，幼果生长期多低温阴雨天气也易造成落果；夏季高温潮湿多雨，容易滋生病虫害，在栽培管理中应加强调控。另外 5 月偶有干热风吹袭，易造成大量落果，因此，本亚区在栽培管理中要加强调控，梅园要建防风设施。本亚区是果梅生产老区，已具备较多的栽培品种可供挑选，也已形成比较成熟的栽培管理技术。

表1-2 各亚区果梅栽培的主要气象因子指标

亚区	年平均气温（℃）	≥10℃的积温（℃）	≥10℃的天数（d）	1月平均气温（℃）	极端最低气温（℃）	7月平均气温（℃）	无霜期（d）	年降水量（mm）	水湿状况的季节变化	干燥度（K）	年日照时数（h）
长江中下游丘陵山地亚区	15~17	4 500~5 500	220~250	1~5	-18~10	28~30	225~280	1 000~1 500	冬春湿，夏雨，伏秋旱	≤1.0（湿润气候）	1 800~2 200
汉中盆地亚区	12~15	4 000~5 000	200~230	0~4	-20~10	24~28	210~240	900~1 200	春夏早秋湿，晚秋冬干	1.0（湿润至亚湿气候）	1 600~1 800
中东部丘陵山地亚区	17~20	5 500~6 500	250~300	5~11	-10~5	28~30	280~300	1 100~2 000	冬春湿，初夏雨，伏秋旱	≤1.0（湿润气候）	1 600~2 000
四川盆周山地亚区	15~18	4 500~5 500	230~280	2~6	-10~2	26~30	240~350	1 000~1 800	全年偏湿，夏季多雨	≤1.0（湿润气候）	1 100~1 600
西南高山峡谷和高原山地亚区	12~18	3 300~6 500	200~300	2~12	-15~2	18~28	200~330	600~1 200	冬春干，秋湿	1.0~1.49（亚湿润气候）	1 600~2 600
华南沿海亚区	19~22	6 500~8 000	300~350	10~15	-5~2	28~29	330~360	1 100~2 200	晚秋初春湿，春夏湿	≤1.0（湿润气候）	1 800~2 200
台湾亚区	20~22	7 000~8 500	340~360	14~17	0~5	28~29	360	1 600~3 000	春夏初秋多雨，晚秋冬干	≤1.0（湿润气候）	1 800~2 200
黄淮平原灌溉栽培亚区	14~16	4 500~5 000	220~230	-1~1	-20~15	26~28	220~225	650~1 000	冬春湿，夏秋之际多暴雨，晚秋旱	1.0~1.49（亚湿润气候）	2 200~2 500

②汉中盆地亚区。与长江中下游丘陵山地亚区相比，气温略低，但仍能满足果梅生长发育的需要；花期及幼果期出现霜冻的概率小，危害不大；降雨略少，春夏阴雨天少，有利于花期授粉及幼果生长；少伏秋旱，有利于果实采收后梅树的培肥生长；生长季内风小，极少发生干热风，有利于梅果的发育。总之，本亚区的气候条件与长江中下游丘陵山地亚区相似，适宜果梅生长。本亚区已发现有野生梅树，但尚无果梅的成片栽培，无本地的栽培品种，缺乏栽培技术经验。因此，可先从长江中下游丘陵山地亚区引进优良品种试栽，逐步确定最佳品种并积累经验。

（2）中亚热带果梅栽培分布区　本区属于中亚热带季风常绿阔叶林气候型，可分为3个亚区：中东部丘陵山地亚区、四川盆周山地亚区、西南高山峡谷和高原山地亚区。

①中东部丘陵山地亚区。与长江中下游丘陵山地亚区比较：≥10℃的积温高出约1 000℃，生长期延长约50d；年日照时数少200h左右；极少霜冻危害。因此，对果梅的生长发育来说，本亚区的温湿条件优于长江中下游丘陵山地亚区。本亚区梅果单产的潜力也超过长江中下游丘陵山地亚区。本亚区栽培果梅的历史较短，近20年栽培面积迅速扩大，苗木多数从邻近地区引入，品种较多，有利于进一步选出适宜的品种。

②四川盆周山地亚区。气候特点为湿润，多云雾，多雨日，日照时间短。本亚区多山，地势起伏大，山区多野生梅树。果梅的人工栽培是近40年逐步发展起来的，近年来开始做选种、引种工作。

③西南高山峡谷和高原山地亚区。气候特点为一年中干湿季分明。本亚区高山峡谷地形属横断山脉地域，海拔高差变化大，从河谷到山顶具有不同的垂直气候带。云贵高原则以高原、山地、河谷盆地为主。适于果梅栽培的海拔在1 000～2 400m范围。冬春干、夏秋湿，光照充足，有利于花期授粉和幼果生长；夏秋生长季节高温多雨，有利于梅树和果实的正常生长发育。

云南果梅生产历史悠久，梅树自然分布广、面积大，现已选出一些优良品种和优系供推广。贵州现在仍以野生梅树为主，西藏东南部的通麦一带有野生梅林分布，现尚未进行人工栽培。

（3）南亚热带果梅栽培分布区　本区属南亚热带季风包含南亚热带季雨林、常绿阔叶林气候型，可分为2个亚区：华南沿海亚区和台湾亚区。

①华南沿海亚区。气候特点是水热条件充足，种植适合当地的优良品种能获得较高的梅果单产。亚区内既有果梅栽培的老区如福建的诏安、永泰，广东潮州、广州，广西梧州等，且这些老区已选出了很多优良的栽培品种，又是果梅栽培新发展最快的地域。果梅的栽培和加工技术都有较高的水平。

②台湾亚区。台湾果梅产区集中在中央山脉西侧500～1 200m的山丘坡

地，以 800 ~ 1 000m 处产量最高。台湾人工大面积栽培果梅的历史只有三四十年，但果梅产业发展迅速，正在开展优良品种的选择。

（4）南温带果梅灌溉栽培分布区 本区属南温带季风半旱生落叶阔叶林气候型，目前仅有 1 个亚区：黄淮平原灌溉栽培亚区。本区果梅栽培已开始形成规模并已取得经济效益。黄淮平原暴雨时低洼处易发生涝渍灾害，生长季内连晴多日时又需要灌溉，只有具备排涝和灌溉条件，果梅栽培才可能获得丰产。多风害，尤其是较易发生干热风危害。因此，需重视梅园防护林网的建设。

（三）果梅引种时应注意的问题

1. 山脉的走向 我国是季风气候明显的国家，冬季风来自北方大陆高气压气团，夏季风则来自南方海洋高气压气团。冬季北方来的气流寒冷干燥，而夏季南方来的气流暖热潮湿。我国丘陵山区东西走向的高大山脉对南北气流可起到明显的阻滞作用，使得山南温暖多雨、山北寒凉少雨，山脊线起到了南北气候分界的作用，形成果梅栽培分区的自然界限，如我国中部东西走向的秦岭山脉，成为南温带和北亚热带的分区界线，南部的南岭山脉，成为中亚热带和南亚热带的分区界线。而南北走向和东北西南走向的山脉，因为与南北气流平行，南方或北方来的气流容易从山间谷地通过，所以起不到明显的阻隔作用。因此，其山脊线两侧的气候没有多大差异，不能形成气候的分区界线，其南北距离间气候的变化较缓，呈过渡型，没有很明确的气候变化界线。

2. 山体的坡向 在地形起伏的多山地区气候分界线的南北两侧：北侧的山体南坡，其气候特点近似于分界线以南的区域；而南侧山体的北坡，其气候特点近似于分界线以北的区域。山体愈大则这种影响的距离范围愈广。

3. 海拔的变化 山区，随海拔的上升，气温下降，空气相对湿度也随之改变。一般海拔每上升 100m，年平均气温下降 0.5 ~ 0.6℃，降水量增加 14 ~ 41mm。降水量随着地形的变化、海拔的升高而增加，往往在某一段海拔范围内降水量达到最多，超越此范围降水量又会减少，要依具体地域而定。日照时数、辐射强度随着坡度、坡向和海拔的变化也有相应的改变。在地形起伏的多山地区，随着地形的改变，在近距离内就有地形气候和土壤条件的改变，形成了多样化的生态环境。以上各种情况，在果梅引种时都应予以重点关注。

第三节 四川果梅主产区及产业发展

四川作为长江上游林果产业大省，果梅种质资源丰富，人工栽培历史悠久。经过长期的发展，现已形成达州市达川区、成都市大邑县、绵阳市平武县以及乐山市马边彝族自治县为主的四大果梅产区。

一、达川区

（一）达川乌梅产业发展简介

达川乌梅是对分布于四川省达川区的果梅种质及药材乌梅的统称。四川省达州市达川区是梅的重要原生资源地之一，素有"中国乌梅之乡"之称，"达川乌梅"于 2021 年被农业农村部遴选为"全国十大农作物优异种质资源之一"。据《达县志》记载，达川区乌梅种植历史已有 600 余年，有百年以上树龄的乌梅树 1 500 余株、其中"乌梅帝"和"乌梅后"两株古树的树龄已逾 600 年，吸引了众多文人墨客到乌梅山采风咏梅，并编撰出版了《乌梅山行吟》《乌梅山古韵》《乌梅山光影》等书刊。

此外，还川乌梅还被列入四川省中药材"十四五"规划重点发展的 7 个道地中药材品种之一。为加大对达川乌梅资源保护，近年来，达川区强化以乌梅原生资源林为核心的达川区乌梅现代农业园区建设打造、加大达川乌梅优质品种培育与推广、在全区范围内扩大乌梅栽培面积，当地创建的"达川区中药材（乌梅）现代农业园区"2022 年获得四川省三星园区称号。建成了川东北最大的乌梅良种繁育中心，培育的达梅 1 号已通过中国绿色食品发展中心 A 级绿色食品的认证。同时，为加大达川乌梅产品开发，达川区农业农村局牵头，培育并引进乌梅深加工企业，加强与研究机构的深入合作，研制出乌梅果干、果梅露、乌梅酒等产品，并多次亮相北京农博会、上海世博会、成都西博会、渝洽会及中央电视台，达川乌梅产品已远销成都、重庆、云南、广东、上海等 10 余个省份，深受消费者青睐，成为达川区农产品　张闪亮的名片，同时也成为四川省中药材的一张金字招牌（彩图 1-1，彩图 1-2，彩图 1-3，彩图 1-4）。

（二）自然生态环境和人文历史因素

达州市达川区位于四川盆地东平行岭谷区、盆中丘陵区、盆周低山区连接地带，其总体地貌特征为北部高、南部低，属四川盆地丘陵土壤区，土壤疏松肥沃且以沙质壤土为主，大部分由紫色或紫红色砂岩、页岩构成，土壤也呈紫色或紫红色、黄色，其气候属亚热带季风气候，无霜期 299d，年日均气温 17.1℃，年均日照时数 1 772.7h，3—4 月占 84.2%；正常年均降水量 1 282.2mm，主要集中在 5—10 月，占 88.7%。当地四季分明，热量充足、雨量适中、昼夜温差较大，十分利于乌梅生长发育。

乌梅可食用、药用和酿酒。乌梅文化源远流长，民间关于乌梅的传说家喻户晓，素有赶乌梅节的习俗。每年的农历五月在达川百节镇乌梅山村举办

"乌梅旅游文化节"，也叫"舞梅节"。以前人们种植乌梅主要是采其果实作药用，而现在人们生活水平的提高，当地群众种植乌梅一是为了日常的药食两用；二是政府作为产业来发展，增加群众的经济收入（彩图1-5）。当地农民采取传统熏制方式制作的乌梅干，因其品质优良、药效良好，深受广东、广西、云南等地中药材客商青睐。

（三）地域范围

达川乌梅种植核心区域主要包括6个乡镇，分别是百节镇的玉龙村、乌梅山村、肖家村、鼓楼村；景市镇的茶园寺村、文家场村。种植辐射带动区域有10个，分别是百节镇的关坪村，平滩镇的碑垭口村、定龙村、金鼓村，景市镇的白阳坝村、一佛村、洞山寺村、寨子村、高板桥村、胭脂湖村。

（四）达川乌梅种质资源及生态特性

达川乌梅鲜果的果实椭圆形，青中透黄。经初加工后乌梅干果呈不规则的扁球形，直径1.5～2.3cm，气微，味极酸。表面棕黑色至乌黑色，皱缩不平，果肉柔软，乌黑色或黑棕色，核坚硬，椭圆形，棕黄色，表面有小凹点，内含淡黄色种子1枚。乌梅鲜果果肉率≥82%。乌梅干果枸橼酸含量≥27%。目前达梅1号（良种编号：川S-SC-AM-001-2022）已经通过四川省林业部门认定，列入四川省2023年林木良种目录中进行生产推广。

达梅1号，乔木，树冠伞形。叶片椭圆状宽卵形，春季先花后叶，花白色。果期5—6月，果实饱满，椭圆形。未熟果绿色至深绿色，阳面偶有红晕，成熟果黄绿色，果肉紧实细脆，黄白色。鲜果平均单重19.5g，果肉率86.5%，果干枸橼酸含量高达23.2%。嫁接5年后进入盛果期。其适应种植的生态范围是达州市及其周边，海拔450～800m，年降水量1 000mm以下，年均日照时数1 100h以上的梅适宜栽培区（彩图1-6）。

-------------------------------- **达川乌梅种植典型案例** --------------------------------

1. 陈家乡大田坝村　陈家乡大田坝位于达川区西部，辖8个村民小组，辖区面积8.9km²，平均海拔485m，属典型浅丘山区村。从2011年起，村委会、村党支部鉴于村内土地多、劳力少成片土地荒芜严重的实际情况，多次召开村社干部会、党员会、社员代表会、群众大会进行讨论，并经多次考察论证，最终经村民代表大会讨论决定全村发展果梅产业。目前全村除能种植水稻的正沟田、好收水的田和每户预留一定量的菜园地外，其余的旱地、边角地、弃荒地、荒坡野岭、田边地角、房前屋后，"米筛田""高磅田""望天丘"全部种上了果梅，面积达168.8hm²。全村专门为发展果梅制定了村规民约，成立了领导机构，确定专门的管理人员和技术员。2017年开始试花挂果，2018年全村果梅鲜果产量突破100t，2023年达到300t。

2. 达州市达川区小港药材种植专业合作社　达州市达川区小港药材种植

专业合作社为四川省省级示范专业合作社，成立于 2011 年 9 月。合作社自成立以来，积极探索运营机制，总结出"专合社投资、农户投劳、流转承包、统管统产统销"发展模式，先后在达川区景市镇茶园寺、长屋等村发展果梅规范化种植基地 233hm²，辐射带动农户 850 余户，前 2 年每年给农户每 667m² 100 元，果实收益农户分配 70%，合作社分配 30%；产品收益农户分配 30%，合作社分配 70%。通过实行多元化的利益联结，调动了农户的生产积极性，为专业合作社的快速发展打下了坚实的基础。合作社有固定的办公地点，设施设备完善、机构健全、制度规范、经营有序、发展势头良好。

二、平武县

（一）平武果梅产业发展简介

平武果梅，始于唐朝，鼎盛于明清，迄今 1 000 余年历史。平武县现存的明代龙安府西城门遗迹上，雕饰的梅花图案仍清晰可见，而陈年梅饯在明朝已作为贡品。果梅在平武各族人民的生活、精神层面占据着重要地位。平武县的羌族民众有在梅子采摘后要先供奉在家里的神龛上敬祖的传统，待客则奉上青梅汁或青梅酒。在他们心中，梅树的坚韧不拔、梅花的凌寒傲霜、梅子的生生不息，是先民顽强生存并保留自己民族特性的真实写照。平武果梅已成为高山羌族农耕文化的有机组成部分，并传承和发扬（彩图 1-7）。

（二）自然生态环境

平武果梅产区位于四川盆地西北部，地形以坡地为主，平均海拔 730m，海拔 1 000m 以上的山地占 90%，地势西北高东南低，海拔 600～1 400m 区域均有栽植。土壤 pH 5.5～7.5，有机质含量高，含钾量高，排水良好，是最适宜果梅生长发育的地区之一。平武果梅产区涵盖北亚热带湿润季风气候、暖温带气候、温带气候 3 个气候类型，气候温和，降水丰沛，日照充足，四季分明，具有云多、雾少、阴天多等特点。年均气温 14.7℃，最高值 15.1℃，最低值 13.9℃，极端最高温 37℃，极端最低温 -7℃。年均降水量 866.5mm，最高值 1 161.4mm，最低值 397.3mm，年平均日照时间 1 376h，无霜期 252d。

（三）地域范围

平武果梅于 2014 年申请获得农产品地理标志称号，农产品地理标志地域保护范围包括平武县平通镇、豆叩镇、大印镇、锁江羌族乡、徐塘羌族乡、平南羌族乡、响岩镇、南坝镇、坝子乡、古城镇、高村乡、水田羌族乡、龙安镇、阔达藏族乡、木座藏族乡、木皮藏族乡等 16 个乡（镇）（彩图 1-8）。核心区域为羌民族聚居镇平通镇，地理坐标为 103°50′E—104°58′E、31°59′N—33°02′N。保护面积 21 000hm²，年产量 36 000t。

（四）平武乌梅种质资源及生态特性

平武果梅果实中等大小，圆形或短椭圆形；果面黄绿色，有茸毛，阳面略带红晕，缝合线浅，两半对称；果顶平，梗洼中等深度；果肉绿黄色、脆、粘核；种子中等大小，风味酸，有香气。平武果梅总酸≥6.8%，可溶性固形物含量≥8.9%。

生态特性方面，平武县果梅一般在2月中下旬开花，果梅树展叶时需要温度为13℃左右，幼果期理想温度约为18℃，成熟期，气温要达到22℃，成熟期一般在6月中旬至7月下旬，海拔越高，成熟越晚。平武果梅生长对水分要求不高，关键生长期对水分敏感，既怕积水又怕干旱，土壤管理须注意4—5月排除积水，秋季防旱保湿，防止过早落叶，促进花芽分化良好。当年种植的幼树更要防旱。果实的发育需要充足的光照，长期的阴雨、光照不足会造成大量的落花落果，多病虫害，产量低，果实品质差等缺点。

平武县春季冷暖空气交替频繁，气温波动较大。此时寒潮影响易使植株受到冻害，授粉不能正常进行，造成果实发育不良、成熟推迟等情况，在幼果期遭受冻害会造成显著减产。平武县夏季多暴雨天气，易形成洪涝造成果园积水，进而造成果梅根系缺氧导致根部腐烂。因此，平武果梅的种植要注意加强果梅园的管理，提高果梅气象监测水平，开展精细化的气象服务，提前做好预防。

三、大邑县

（一）大邑果梅产业发展简介

大邑县果梅栽培距今已有300多年历史，民国时期已将乌梅作为人工栽培的主要药材之一（邓晶晶等，2008），现仍保存有百年以上古树百余株，果梅种质资源丰富。早在1978年农业区划工作中，大邑县已将果梅列为主要发展的品种之一。大邑县西岭梅谷出产的青梅，果大、肉厚、核小、酸度高、肉质柔软、果香浓郁，其独特的自然芬芳为此地青梅酒的酿造奠定了基础。目前当地从事果梅果酒研发、加工、销售企业已有24家，大邑县特产"邛江青梅酒"已获得国家地理标志保护产品称号。邛江青梅酒以大邑西岭雪山青梅果为原料，利用现代生物科技，经特殊工艺酿制，具有味香纯正，酸甜爽口，生津止渴，健脾开胃的功效。

2023年6月5日，由大邑县人民政府主办，中国乡村发展基金会、中国酒业协会、四川省葡萄酒与果酒行业协会、成都酒业协会支持，主题为"产区新力量·与世界共'梅'好——2023中国·成都（大邑）青梅文化节暨中国青梅产业发展大会"在西岭梅谷举行，将大邑县果梅产业发展提升到新的高度。

（二）自然生态环境

大邑县位于四川盆地西部边缘山地，属中亚热带湿润气候区。年平均温度16.2℃。1月平均气温5.5℃，极端最低温度－4.8℃，年降水量1 106.2mm，年相对湿度82%，全年日照1 067.2h。果梅树多栽培在海拔800m以上山区，气温和日照都比上述记录稍低。大邑梅的种质和生态反应可代表四川盆地梅树的特点（苟剑英，1986）。

（三）地域范围

大邑果梅种植范围主要包括邮江镇、鹤鸣镇等。大邑县在2016年后大力发展果梅种植，目前全县果梅种植面积约1 666.66hm²，2023年大邑全县产新鲜果梅达8 000t。

（四）大邑果梅种质资源和生态特性

大邑果梅按类型可分为白梅、黄梅和青梅。在这三种分类中，各类果实都会出现果面有红晕的情况，红晕覆盖面最大可以达到50%。若以果面具红晕的各类梅统称"红梅"，则大邑果梅种质资源中白梅、黄梅、青梅和红梅的数量分别占12.6%、57.1%、19.9%和10.4%。

大邑县早熟果梅品种在每年的6月中旬即可收获，晚熟品种收获期可延迟到7月下旬。在黄梅、白梅、青梅几种类型中，成熟最早的是黄梅，最晚是青梅，黄梅的成熟期从6月中旬至7月上旬止。白梅6月下旬至7月上旬止，青梅在6月底至7月下旬成熟。

四、马边县

（一）马边果梅产业发展简介

马边县梅林镇梅子坝村是马边彝族自治县的果梅核心产区和种质资源分布区，已有数百年的果梅种植历史。马边果梅产业早在20世纪90年代就是当地彝区乡镇贫困农户的支柱产业，后因市场环境影响果梅产业逐渐衰退。近年来，特别是国家实施精准扶贫战略以来，马边县委县政府高度重视，细致考察并拟定出了以发展果梅产业为主的林业产业新方向。马边果梅本地品种优良，果形大、果肉厚，平均重22.5g，最大粒果重25g，维生素C含量特别丰富。白花梅含酸6.3%，总糖1.47%，每100g含维生素C 3.0mg；红花梅含酸6.49%，总糖1.4%，每100g含维生素C 4.3mg；粉红梅含酸7.82%，总糖1.60%，每100g含维生素C 2.7mg。

（二）自然生态环境

马边彝族自治县位于四川盆地西南边缘的小凉山地区，全境地处横断山脉东部、四川盆地和云贵高原的过渡地带，属山地地貌，地势由西南向东北倾斜，山脉多半近于南北走向。由于地形复杂，受季风影响和山地地形的制约，立体气候明显，在不同的海拔，日照、气温、积温、降雨、霜雪状况均有明显的差别。

马边县地处中亚热带季风气候带。马边城区年平均气温 17.1℃，最冷月（1 月）平均气温 7.6℃，最热月（7 月）平均气温 25.4℃。年平均降水量 976.0mm，其中 5—9 月降水量 795.00mm，占年均降水量的 81%。年平均相对湿度 80%。年平均无霜期 314d。年平均日照时数 942.3h，年平均蒸发量 1 035.3mm。主要气象灾害有暴雨、洪涝、大风、冰雹、干旱、雷电以及低温连阴雨。

（三）地域范围

马边县气温适宜，雨水均匀，是果梅生长繁育和野生变家种的最佳地理区域。马边的果梅种质资源十分丰富，按种性可分为杏梅、桃梅和李梅三类。据课题组现场考察，马边县域海拔 1 600m 以下的高山、二半山、平坝三个地域都可栽种果梅。

不同的果梅种类分布的地域范围不同，其中杏梅主要分布在马边县三河口、荍坝，下溪三个乡镇。桃梅分布于三河口、梅子坝、涉水坝等区域。李梅分布的范围较广，种植面积仅次于桃梅，在马边县海拔 900~1 400m 的各个乡镇均有分布和人工种植。

（四）马边果梅种质资源和生态特性

杏梅的果形大，品质好，产量中等，是马边最优良的品种，种植面积约占马边果梅面积的 10%。树姿伞形或圆头形，株高 6~8m，树冠直径 3.74~11m，树干高 1~2m，皮灰黑色，叶卵圆形，叶色深绿；花以红色为主，单瓣，两性，开花始于 2 月上旬，终于 3 月上旬；一般栽后 5 年投产，10 年进入盛果期，10 年生树平均株产鲜果 40kg 以上。

桃梅的生态适应性强，在马边县分布广泛，果形中等偏大，株产高，是马边种植面积最大的品种，约占马边果梅总面积 60%。树姿圆头形，株高 7~10m，树冠直径 8~12m，树干高 0.5~2m，皮红褐色，叶披针形，叶色深绿。花以粉红色为主，部分为白色，单瓣两性，开花始于 1 月中旬，终于 3 月上旬，花期易遇低温，产量不稳。果实扁圆似桃，密生茸毛，果实成熟期在 6 月下旬至 7 月上旬，一般栽后 4 年投产，8 年进入盛果期，10 年生树平均株产 45kg。

李梅的适应性强，果形小，株产量低且稳定，种植面积仅次于桃梅，约占马边梅总面积 30%。树姿伞形或圆头，株高 5.6~8m，树冠直径 5~7.5m，树干高 1~2m，皮灰褐色，叶椭圆形，叶色暗绿，花以白色为主，单瓣两性，开花始于 2 月中旬，终于 3 月中旬，果实球形似李，果面密生茸毛，果实成熟期在 7 月中旬至 8 月上旬，一般栽后 4 年投产，7 年进入盛果期，10 年生树平均株产 30kg。

马边果梅品种中，杏形梅属中熟品种，果大、质优、产量较稳定；李梅属于迟熟梅，果小质量较差，但适应性强；桃梅果形中等，花期早，易遇低温危害，产量最高。按用途不同，马边乌梅品种中，杏形梅和李梅可作为饮料和果脯的加工原料来发展，桃梅可作为乌梅原料来发展。

第四节　四川果梅产业发展机遇与挑战

一、四川果梅产业发展成效与挑战

（一）四川果梅产业发展取得显著成效

四川是我国野生果梅分布核心区域之一。早在 20 世纪 80 年代初，大邑、平武、马边、达川等县（区）地就开始规模化种植果梅，并从日本引进果梅品种进行栽种试验。近年来，随着"药食同源"养生理念逐渐得到社会认同，果梅鲜果价格持续攀高，为种植农户及当地农村经济发展带来了可观的经济效益。四川各主要产地抓住机遇，因地制宜加快规模化、标准化种植。据统计，新种植果梅面积已超过 10 000hm^2，全省果梅产业发展取得显著成效。归纳起来，主要表现在以下 5 个方面。

1. 配套设施条件进一步改善　四川省内各主产区以实施乡村振兴战略为载体，以现代农业示范园区（基地）建设为样板，以高标准农田建设为主要内容，大力度整合项目，大规模开展示范，实现了水网、电网、渠网、路网等基础设施配套，为林地、坡地等开展果梅生产奠定良好的配套设施条件。比如达川区已建成达川区中药材（乌梅）现代农业园区，通过整合各类涉农项目资金和吸纳社会资本 2.5 亿元，建设高标准农田 1 133.33hm^2，同时配套建设完备的节水灌溉、园区道路、沟渠等基础配套设施，配备冷链运输车、植保无人机、电动修枝剪等设施设备，果梅栽培面积也达到 1 500hm^2（其中核心区面积80hm^2）。大邑县依托基础设施改善，也建成果梅标准化示范基地33.33hm^2，实施果梅标准化高效基地建设 333.33hm^2，并以此为中心向四周发展，带动 1 333.33hm^2 果梅标准化产业基地建设。

2. 果梅产业链条进一步延伸　四川省内各主产区果梅产业发展主要依托农旅结合的方式，在不同程度上形成集农业产业化、休闲观光、旅游地产及果梅系列产品精深加工于一体的全产业链条。达川区引进国内知名果梅企业森浩新农业集团有限公司建成多条果梅烘干、酿制等果梅药食两用初深加工生产线，成功开发出体现达川资源特色的乌梅干、乌梅粉、乌梅丸、乌梅酒、乌梅露、乌梅精等系列产品20 余个，发展出"茶园山""川来蜀往""冯山林"等7 个特色品牌，并规划建设有乌梅小镇、乌梅山景区，初步形成了一二三产全产业链融合发展格局。大邑县与泸州老窖果酒公司合作建厂，引进果梅深加工工艺技术对现有加工企业进行技术改造，重点研发饮料、果酒、果醋和特色果脯等产品以及气调冷藏保鲜技术，果梅系列产品已实现产值 3.75 亿元；在建的"中国西部大自然梅花产业园"毗邻西岭雪山、花水湾温泉群，建成后将形成"果旅融合、优势互补"的格局。

3. 经营销售模式进一步创新　各地以园区（基地）为依托，吸引新型经营主体入驻，采取"公司＋合作社＋基地＋农户""合作社＋农户""组建果梅产业联合体"等创新经营模式，与种植农户建立"利益共享、风险共担"连接机制。目前，全省已形成"线下＋线上"市场交易体系。一是针对鲜果产品，以各类经营主体主导的产地直采直销为主，形成了以流通商为代表的小型交易市场。二是针对初加工的果梅产品，主要依托"中药材天地网""中药通"等全国性中药材电商平台开展市场交易，逐步打造"标准化种植＋标准化初加工＋云仓"闭环可追溯的道地药材流通新体系。三是针对果梅深加工产品，主要依托淘宝、京东、天猫等知名电商平台的城市特产馆以及微商、产地实体店等进行销售。总之，通过创新经营模式和销售模式，全省已基本实现了果梅产业从专有性资产、价值增值、价值分配到价值实现的全过程。

4. 科技支撑作用进一步凸显　各地突出科技创新驱动，形成了科技成果集成创新和示范推广良好环境。一是围绕满足市场需求和农民增收对果梅新品种的需求，依托四川省中药材产业技术创新团队，主动对接省内外科研院校开展合作，共同参与果梅品种筛选选育、品种改良、种苗快速繁育，努力探索抗病虫害能力强、枸橼酸含量高且适合当地自然条件的宜栽品种，良种覆盖率显著提升。二是依托"国家—省—市（州）"三级中药材技术创新产业体系，形成川药信息网、川药数据库等中药材信息监测服务平台，启动了全国首个中药材溯源系统建设，成功搭建中医药发展服务中心等产业技术服务平台。三是深入实施中药农业科技大培训、大示范、大推广"三大行动"，依托"互联网＋果梅"让农户、合作社与企业互通有无、信息共享，带动主导品种、主推技术入户率达到90%以上，大力推广种养结合、生态循环模式，科技成果转化能力大幅提升。

5. 产业集聚效应进一步增强　受制于果梅种植自然条件的限制，四川果梅主产区呈现出点状分布特征，产业节点主要包括川东达州、川西大邑和崇州、川南马边、川北平武，分别建立了达川区百节马家乌梅特色现代农业园、大邑县中国西部大自然梅花产业园、马边县雪口山农业园千亩果梅示范基地、平武县果梅现代农业产业园等一批示范效应好、集聚带动能力强的省、市级现代农业园区（基地），种植面积、产量和产值都占据全省85%以上，产业节点的辐射引领作用逐渐显现，直接影响了人才、资本、技术等生产要素向园区聚集，产业集聚效应进一步增强。

（二）四川果梅产业发展的主要经验

根据对各地果梅产业发展的横向比较，并结合四川果梅产业发展的特色，在具体做法、实现路径等方面，存在许多值得关注和总结的经验。总体而言，这些经验主要体现在以下 5 个方面。

1. 科学规划是四川果梅产业发展的航标　各地在推进果梅产业发展过程中，凡是坚持"规划先行"理念，通过制定各类发展规划来指导协同调控发展空间、理顺发展模式和管理机制的地区，其产业建设与发展非常有序，持续性强，成效也十分显著。达川区的实践就是很好的范例，因此，科学规划是四川省果梅产业发展的航标。

2. 标准化示范基地是四川果梅产业发展的抓手　从各地实践来看，以标准化、规模化的现代农业园区（基地）建设为抓手，集中支持、重点培育一批果梅产业基地县，通过发挥其在试验、示范、培训、辐射带动等方面的作用，逐步形成一批优势产区和知名品牌，能够有力地促进当地种植农户持续稳定增收，从而对果梅产业发展起到很好的样板和示范作用。

3. 三链同构是四川果梅产业发展的支撑　为解决四川果梅产品过去普遍存在的"农民卖不掉、市民吃不起；农民卖得快、市民不愿买"矛盾问题，各地不断总结摸索，"延伸产业链、提升价值链、打造供应链，建设果梅产业生态圈"已成为当前各地促进果梅产业高质量发展的共识。主要体现在三个方面：一是围绕解决过去果梅产业链短的问题，着力培育壮大果梅产业群体，促进"一产往后延、二产两头连、三产走高端"，因地制宜打造链条完备、紧密衔接、纵横配套的果梅全产业链；二是围绕解决过去果梅产业价值链低的问题，探索打造果梅产品创新研发平台提升科技价值、打造质量标准管控平台提升品牌价值、打造产品销售云平台提升渠道价值，促进果梅全价值链提升；三是围绕解决过去果梅产业供应链不通的问题，着力打造企业主导、政府扶持、科技支撑、农户参与、金融助力的果梅产业生态圈，促进了果梅全供应链贯通，促进了以"三链同构、药食融合"为特色的四川果梅产业新发展格局的加快形成。

4. 政策环境是四川果梅产业发展的保障　果梅产业属于中药材产业，也属于大健康和食品产业。近年来，四川省中药材及食品、大健康产业积极的政策推动，为全省果梅产业提供了良好的政策环境。比如：2017 年四川省人民政府办公厅发布了《四川省中医药大健康产业"十三五"发展规划》《川药产业振兴工作推进方案（2019—2022 年）》；2019 年四川省推进中医药强省建设工作领导小组办公室发布了《四川省中药材产业发展规划（2018—2025年）》；2020 年四川省药品监督管理局等 11 个部门发布了《川产道地药材全产业链管理规范及质量标准提升示范工程工作方案》；2021年《川药"十四五"推进方案》均将四川乌（果）梅产业列入重点支持范围。此外，各主产区地方政府也出台相关配套政策支持果梅产业发展，比如：达川区政府制定了《加快乌梅产业发展的指导意见》，明确了相关政策措施、确定了建设目标和内容，有力保障了当地果梅产业高质量快速发展。

5. 乡村振兴是四川果梅产业发展的载体　近年来，各主产区以实施乡村振兴战略为契机，将推进果梅产业发展作为当地产业振兴的重要选择，通过实施产业振兴规划，统筹土地整理，协同调控生活、生产和生态环境空间，推动村园体系和果梅产业规模化发展，使有限的土地资源得到有效利用，大幅提高果梅鲜果产出率和农村生态空间利用率，有利于将绿色发展、集约发展的理念融入果梅产业建设之中，从而有力地支撑果梅产业高质量发展。

（三）四川果梅产业高质量发展面临的挑战

尽管果梅产业在四川省取得了显著的成效，但根据四川省果梅资源禀赋、现实需求以及现代果梅产业的基本内涵和特征来考察，我们可以发现四川省果梅产业距离实现高质量发展的目标还存在一定差距，并且仍然面临着一些问题。总结起来，这些问题主要表现在以下6个方面。

1. 高标准规划覆盖面不宽泛　虽然各主产区通过制定县（区）现代农业发展、园区（基地）建设、高标准农田建设等系列规划，为"十四五"期间果梅产业有序发展提供了方向指引和路径遵循，但在新时代背景下将高质量发展理念融入当地果梅产业发展、提升产业发展质量，各类现行规划普遍暴露出两个层面问题。

第一，从时间维度来看，当前多数规划年限截止于2025年前后，尚缺乏对后续5~10年高质量发展专项规划论证。

第二，从空间维度来看，一是能够根据区域果梅资源禀赋和生态条件实现"三生"协调发展的高起点、高标准规划不多，覆盖面也不大，各地建设内容和标准差异明显。二是县一级区域，一般都从宏观层面制定了发展果梅产业的规划，重点发展区域也集中在少数几个乡镇，但具体到乡镇、村级区域层面的高标准发展规划更是较少，虽然半数以上的乡镇具有果梅产业发展思路，然而不到10%的乡镇编制了果梅产业发展规划，由此出现了发展思路不够清晰、特色不鲜明等问题。三是各类现行规划的发展重心聚焦度仍然不够，因为各主产区（县、市）能够种植的果梅品种较多，近年来果梅价格剧烈波动直接影响到了产销关系，部分地方不乏"农民会种但企业不收、农民不种但企业需求大"等情况，"供销脱节"或"选择烦恼"导致政府主管部门难以取舍而在规划上"一把抓"。

2. 标准化技术运用不够全面　产业链的有效延伸既是衡量果梅产业高质

量发展的重要标准，也是果梅产业实现高效益的现实路径，这就要求必须在产业链各环节全面实现标准化技术推广应用。但调研发现，目前各地沿着产业链推广各项标准化技术都不同程度地出现推广滞后、应用脱节等问题，主要表现在三个层面。

第一，在产前环节，优质专用品种还相对缺乏，种苗生产标准不统一，种植结构比较单一，缺乏可替代的新品种。

第二，在产中环节，相关技术标准缺乏或制定时间已较久远亟须修订；果农的科学意识仍很薄弱，种植管理标准化技术接纳能力差，主要依靠传统经验，栽培管理相对粗放；相关环节配套农业机械设备缺乏，农机农艺配套极不完善。比如：一些地方采后的梅园不及时追肥、修剪，导致土壤肥力下降，梅树树冠混乱，新芽发育不全，发育不健全的花增多，严重地影响了果梅产量。如：一些地方缺乏枝条整形，导致梅树普遍长成参天大树，大大地影响果实采摘。果农只有采取古老的"敲打法"进行采摘，用"长杆子"将果子打落到地上，这种采摘出来的果子经过碰撞后既破坏商品性，同时也不便于贮存，时间稍久就变质，严重影响农户经济收入。此外，"林业供苗、农业种植"的现象也屡见不鲜，林下间、套种比较少见，农户绿色化、标准化栽培技术运用水平普遍较低。

第三，在产后环节，各地缺乏果梅精深加工企业，产品加工标准不统一，导致产品同质化程度较高、质量参差不齐，难以形成品牌效应；新产品新技术研发力量总体薄弱，精深加工产品在果梅产品中所占比例较低，新产品开发相对缓慢，多以干湿梅、梅坯甚至是鲜果等附加值不高的形式销售到外地。

3. 产业各环节专业人才缺乏 任何产业的高质量发展都离不开产业链上各环节参与主体各自专业知识技能的协同配合。据调查，我省果梅产业专业人才匮乏集中体现在种植和加工环节的专业技术人员少、从业人员素质较低，具体表现在两个方面。

第一，果梅各主产区的基层果树栽培专业技术人员普遍匮乏，对果农的技术培训不够，栽培技术指导不到位，果农不能够完全掌握相关标准化种植技术要求，进而造成果农对果园管理方法不当，在施肥技术、修剪技术、适时采摘技术、病虫害生物防治技术、林药（菜、茶）间套作栽培等生产技术未能很好得到推广。

第二，果梅各主产区的果农和加工人员受教育程度和职业化经营程度普遍较低，从而导致对种植和加工技术的接受能力弱，新品种、新技术得不到很好落实和推广，制约了各主产区果梅产业种植和加工的发展，给果梅管理技术推广和标准化生产带来一定难度，影响了产业高质量发展。

4. 利益联结紧密程度还不够 尽管各级政府对果农与加工企业之间利益

联结关系重视程度不断提高，也涌现出订单式、股份合作型、服务带动型、混合型等利益联结模式，但在实践中也暴露出一些问题，具体表现在两个方面。

第一，契约关系稳定性不够强，联结方式比较松散。一是加工企业直接与果农签订购销合同的数量其实并不多，签订合同的大部分是种植大户，分散经营且规模小的果农很难签订购销合同。大多数果梅制品加工企业与果农只是一般的买卖关系，很少能为果农提供全程技术服务。二是在订单式生产中合同订单履约率不高，甚至因为市场行情波动难以兑现。比如：部分种植大户向课题组反映企业违约现象比较常见，企业果梅产品原料采购随意性大，如果合同履行时市场价格低于合同签订时的价格或者市场价格高于加工成本，很多企业会选择违约以降低自身的风险，如此一来风险就全落到果梅种植户身上。

第二，新型经营主体联农带农作用不够突出。现阶段，果梅各主产区的"公司＋合作社＋农户"和"公司＋农户"的经营模式还处于比较松散的、不太规范的状况，联农带农作用未能显现、关系比较脆弱，甚至在个别地方出现了竞争大于合作、损害农户利益的现象。比如：有些公司搭便车，利用当地优惠政策积极参与果梅产业发展，但在项目实施过程中与农户有竞争、无合作，不顾农户利益，在农民合作社中"一股独大"，甚至取得优惠政策后从事非农产业。

5. 科普宣传力度还有待加强　果梅有机酸含量较高且种类丰富，具有多种保健功能，对高血压、癌症具有一定的预防作用，能刺激唾液腺，因而有"生津止渴"的功效。果梅加工成乌梅药用历史悠久，在《神农本草经》中列为中品，具敛肺生津、涩肠安蛔之功效，历代本草均将其作为收涩药收载。

但是长期以来，果梅产品功效科普宣传力度不足，国内消费者对果梅的保健功能认识不足，现有的产品多属时尚休闲食品，保健产品、大健康产品的开发潜力还很大，相关企业品牌价值没有充分展现。另据了解，目前绿色优质农产品认证的多个环节需要一定费用，增加了产品成本，加上销售价格不高且受市场影响较大，优质优价难以实现，影响生产单位的积极性。提高公众对果梅历史文化价值、社会经济价值和保健养生价值的认知度迫在眉睫。

6. 综合发展能力还有待提升　综合发展能力是果梅产业实现高质量发展的基础和潜力，调研发现，我省果梅产业综合发展能力依然不强，主要体现在三个方面。

第一，果梅产品结构还不够合理，虽然精深加工产品比重较之过去有所提升，但这类产品主要偏重食用，药用产品比重相对较低，在很大程度上降低了果梅产品价值以及产业发展潜力。

第二，受到国内其他果梅主产区的影响，四川果梅对国内、国外市场的满足能力开始下降，主要表现在产地价格和市场价格倒挂、来自国外的市场需求占比持续降低等方面。

第三，缺乏完善的质量保障体系，产品质量安全问题依然存在隐患。比如：病虫害防治仍然是以喷施化学农药为主，政府主推的生物防治技术受制于果农意识不够和管理技术不足而推广进度缓慢，目前也仅仅是在连片大规模种植的农户中使用，由此产生了鲜果产品农药使用安全性问题。再比如：果梅最主要的病害为炭疽病、黑星病，一旦得病易形成连片感染，可导致大量落果，其主要依靠不间断地在挂果期喷施农药，这在一定程度上增加了生产成本、影响了果梅产品的价值，由此产生了果梅种植环境污染问题。这些问题的广泛存在，都制约了我省果梅产业质量提升。

二、四川果梅产业的发展前景、建议与对策

（一）四川果梅产业的发展前景

四川果梅产业具有广阔的发展前景。首先，四川拥有丰富的果梅种质资源和得天独厚的地理气候条件，许多区域适宜果梅的生长，这为果梅产业的高质量发展提供了坚实的基础。四川地区的丘陵山地以及盆地地形，有利于果梅的栽培，而且四川的气候温和湿润，对果梅的生长也十分有利。

其次，四川果梅产业在市场方面具有巨大的潜力。四川拥有庞大的人口基数和消费市场，果梅产品在当地有着广阔的发展空间。同时，四川的果梅产品在国内外市场上也具有潜力，有望成为当地农产品出口的重要品种。随着人们对健康食品的需求不断增加，果梅作为一种天然的健康食品，市场需求将会不断增长。

另外，四川果梅产业对于当地农村产业结构调整、增加农民收入、改善农村社会经济状态也具有积极的作用。发展果梅产业可以带动当地农民就业，增加农民收入，改善农村社会经济状况。果梅产业的发展也有利于提升当地农村的产业结构，推动农村经济的多元化发展。

总的来说，四川果梅产业具有良好的发展前景，有望成为当地农业产业中的重要支柱，为当地经济发展和农民增收做出积极贡献。同时，果梅产业的发展还将对当地的生态环境、农村社会稳定和农民生活水平产生积极影响。

（二）四川果梅产业高质量发展建议与对策

四川果梅凭借其独特的地理环境和气候条件，以及丰富的果梅资源而闻名。四川果梅产业的发展历史悠久，种植和加工技术经过多年的积累和创新，形成了一套完善的产业链。该产业涵盖了果梅的种植、采摘、加工、销售等环节，形成了一个完整的产业体系。农民们通过科学种植、管理和病虫害防治，提高了果梅的产量和品质。同时，政府也鼓励农业产业的发展，通过推广先进

的种植技术并提供政策支持，促进了果梅产业的升级。果梅产业也促进了当地农业的转型升级，推动了农业产业结构的优化和农村经济的发展。

"十四五"及未来较长一段时间内，四川果梅产业应围绕实现高质量发展做足文章，聚焦"促进产业有序集聚发展、提高新型要素配置灵活性与协同性、构建关键技术创新推广体系、打造农企双赢的命运共同体、健全市场价格调控制度"，将果梅产业打造成新时代四川乃至全国现代农业产业化和药食同源产业高质量发展的标杆。特别是"达川乌梅"入选农业农村部十大优异农作物资源后，如何贯彻落实新发展理念，促进和实现"达川乌梅"等四川果梅特色资源与产品的全民共享和全面共享显得尤为重要。为此，提出五点建议供各级政府和行业参考。

1. 完善产业发展顶层设计

（1）围绕高质量发展目标，高起点、高标准凝练下一步发展思路，指导优势主产区和道地产区编制"市（州）—县（市、区）—乡（镇）"三级协同的果梅产业发展规划，制定切实可行的果梅种植、加工等发展专项规划，并由市（州）、县（市、区）、乡（镇）逐层落实、明确责任、跟踪指导和推动实施。

（2）加大产业发展政策扶持力度。比如：对果梅生产相关主体实行"扶优、扶强、扶大"政策，设置专项资金，对果梅种苗繁育、种植、加工、流通等环节进行支持，鼓励培育农业科技研究和推广人才、产业经营人才，吸引更多的高素质人才加入果梅种植、加工行业。

（3）指导完善各主产区的果梅产业发展风险保障机制。比如：探索建立果梅产业发展担保公司或专门为果梅生产加工主体提供融资服务的果梅产业信贷公司，为直接资助果梅生产加工主体提供专门的服务，减少公司和种植农户因自然灾害、市场波动而遭受的重大损失，以鼓励和支持有潜力的果梅加工企业快速发展。

2. 完善要素市场配置机制

（1）根据各产区果梅产业化发展水平和目标，因地制宜出台新型要素配置政策，提升新型要素流动的灵活性。比如：在技术要素方面，要着力激发果梅产业链各环节标准化技术供给活力，促进果梅科技成果转化，激活产权激励，激活技术转移机构和技术经理人活力；在数据要素方面，要着力加快培育果梅产业的大数据要素市场，全面提升数据要素价值。在此基础上，加快清理废除妨碍新型要素自由流动的各项规定和做法，促进新型要素自由流动。

（2）各主产区可协同建设一个统一开放、竞争有序的新型要素市场。比如：既要打破区域和条块分割，建设统一的知识产权市场，还要打破产业数据孤岛，引导培育果梅产业大数据交易交流市场，更要探索建立果梅职业经理人市场。

3. 完善科技创新推广体系

（1）鼓励相关高校和科研单位组建"四川果梅技术创新示范推广"体系和平台，系统引进收集国内外优良果梅种质资源，选育具有优质、高产、高抗等特性的药用、食用、保健用类型的专用新品种，并研发配套的种子种苗快速繁育技术。

（2）支持创建不同于传统农作物和中药材的果梅栽培管理技术体系，通过合理密植、适宜树（株）型养成、纳米硒肥施用、主要病虫害防治、最佳采收期确定、不同部位综合利用、配套农机使用等方法，建立农机农艺相互适应、智能轻简的管理技术体系，大大提高果梅产业园区管理水平与生产效率。

（3）支持依据《本草纲目》等本草经典和古方记载并运用现代技术创新，联合行业内龙头企业，针对不同消费人群，采用多种药食同源品种研发具有保健功效复合型产品，如茶、酒、膏、酵素、酱、醋、含片等营养保健产品与相关药物。

（4）支持四川果梅质量控制标准与快速检测技术研制。果梅营养和药效组分复杂，对其复杂组分鉴定尤显重要。历版《中国药典》和《中华人民共和国食品安全法》对乌梅等药食同源品种质量的控制标准多以传统性状、显微鉴定为主，辅以简单理化检验和含量测定，检测的指标数量及准确度和精密度急需提升；伴随着药食同源乌梅产业快速发展，建立基于"药效"的药食同源乌梅品种和产品质控评价体系迫在眉睫。

4. 完善农企利益联结机制

（1）龙头企业要"练好内功"，成为农企双赢命运共同体的主导者。一方面，要健全利益共享机制，在实施乡村振兴战略的新形势下，龙头企业要在已有基础上积极探索创新股权式、合作型等更为紧密有效的利益联结机制，发展果梅产业化联合体，切实提升梅农的积极性和获得感；另一方面，要继续构建良好的果梅产业生态圈，龙头企业要主动创新果梅产业组织模式，打造果梅产品综合运营平台，带动农民合作社、家庭农场和广大小农户各展所长、分工协作，形成共创共享、共荣共生的果梅产业生态圈。

（2）农民要"主动参与"，成为农企双赢命运共同体的贡献者。在政府引导支持和龙头企业的带动引领下，小规模种植户要充分利用自身自然资源禀赋优势，积极开展适度规模经营，通过联合合作与龙头企业建立稳定的利益联结机制，主动参与利益协调、保障和分配机制的创新和完善，让自己成为果梅产业链的参与者和受益者。家庭农场、种植大户、农民专业合作社等主体要积极发展果梅产业化联合体，通过与龙头企业对接，带动小农户打通从果梅生产向加工、流通、销售、旅游等二三产业环节连接的路径，提升小农户市场参与能力和果梅生产经营的组织化程度。

（3）地方政府要"厘清思路、分类施策"，成为农企双赢命运共同体的护航者。政府部门应有针对性地构建稳定高效的农企利益联结机制。在果梅生产经营领域，重点提高农民组织化程度，减少地方政府对利益分配的直接干预，强化利益保障和利益调节机制建设；协调龙头企业和小农户、家庭农场、农民专业合作社等主体的利益诉求，遵循自愿、平等互利、风险共担的原则，通过规范合同内容、明确责任程序、开展诚信教育等具体方式，为形成可持续的农企双赢命运共同体保驾护航。

5. 完善价格形成调控机制

（1）明确目标，兼顾种植农户利益。鼓励龙头企业制定合理的价格标准参照体系，加大对中间商恶意囤货、扰乱市场秩序行为的打击力度；加大种植农户培训力度，提高果农素质；引导和鼓励种植农户组成专业合作社，提高个体种植户抗风险能力和对市场的判断能力。

（2）明确方式，探索目标价格制度。可试点鲜果产品目标价格保险，将价格和补贴分离，在价格过低时补贴种植农户，在价格过高时补贴加工企业。目标价格可参照前三年集中上市期的平均收购价。在价格低时，保险机构按照合同约定，向参保种植农户赔付价格跌幅部分；在价格高时，政府采取发放涨价补贴等方式，减少对加工企业的影响。

（3）明确重点，加强专业市场和信息服务平台的资源调配，要尽快建立面向主产区种植农户的农业信息服务发布系统，合理引导种植农户和市场预期，在获取信息和采收两方面壮大种植农户力量。当然，从长远看，还要靠生产条件改善、采收设施技术提高等，这是个长期过程。

──────────── **参 考 文 献** ────────────

包满珠，陈俊愉，1992. 梅的研究现状及前景展望［J］. 北京林业大学学报（S4）：74 – 82.

包满珠，陈俊愉，1993. 梅野生种与栽培品种的同工酶研究［J］. 园艺学报（4）：375 – 378.

包满珠，陈俊愉，1994. 中国梅的变异与分布研究［J］. 园艺学报，21（1）：81 – 86.

包满珠，陈俊愉，1995. 梅及其近缘种数量分类初探［J］. 园艺学报（1）：67 – 72.

陈俊愉，1962. 中国梅花的研究梅之原产地与梅花栽培历史［J］. 园艺学报，1（1）：69 – 78.

陈俊愉，包满珠，1992. 中国梅（*Prunus mume*）的植物学分类与园艺学分类［J］. 浙江林学院学报（2）：12 – 25.

陈俊愉，包满珠，1992. 中国梅（*Prunus mume* Sieb. et Zucc.）变种（变型）与品种的分类

学研究 [J]. 北京林业大学学报 (S4)：1-6.

陈俊愉，2010. 中国梅花品种图志 [M]. 北京：中国林业出版社.

褚孟嫄，1999. 中国果树志：梅卷 [M]. 北京：中国林业出版社.

房经贵，房伟民，章镇，等，2010. 南京农业大学梅种质资源的收集与保存 [J]. 北京林业大学学报，32 (S2)：19-22.

蒋维，舒晓燕，王玉霞，等，2023. 四川主产区不同品种青梅果实品质分析 [J]. 食品工业科技，44 (16)：321-330.

刘青林，陈俊愉，1995. 梅的研究进展 [J]. 北京林业大学学报，17 (1)：88.

瓦维洛夫，玉琛，1982. 主要栽培植物的世界起源中心 [M]. 北京：农业出版社.

汪长进，王越，1993. 大理州果梅种质资源调查及分类研究 [J]. 云南林业科技 (3)：43-46.

章镇，高志红，2019. 中国果树科学与实践：果梅 [M]. 西安：陕西科学技术出版社.

第二章 四川果梅种质资源与评价利用

果树种质资源是指具有利用价值的果树遗传物质的总体。携带有果树种质的材料，主要是种子和各种无性繁殖用的器官、组织等。具体包括：①对果树育种工作有特殊价值的种、变种、品种、品系和杂种；②具有特定用途如用作果树砧木、中间砧、病毒病害指示植物的野生种和栽培品种；③能直接用于生产的品种和品系，包括需要作为一个独立实体的突变体；④具有潜在用途但还不了解的野生种和变种等。种质资源是育种工作的基础，但迄今已为人类利用的果树种质资源还极为有限。因而做好搜集和保存种质资源的工作，对于不断提高果品的产量和质量，增加果树的种类和品种具有重要意义。

果树种质资源的评价与鉴定主要包括生物学鉴定、经济性状评价、抗逆性和抗病虫能力鉴定4个方面。生物学鉴定主要指对果树进行形态学和生物学特征的鉴别，形态学鉴定包括果树的质量和数量性状鉴定，指在果树种质生长的各个时期，对其根、茎、叶、花、果实等各个器官的基本形态特征所作的观测与描述，并用标准术语对其记录，包括外观、大小、颜色及必要的度量记载。生物学特征主要指果树对自然和人工选择的长期适应所具有的独特生态特征，包括在生长发育过程中所需的环境因素，如温度、日照时间、光照强度、土壤物理结构等，以及对这些因素变化的一定耐受度。经济性状评价包括物候期与成熟期的评价、产量评价和品质鉴定，品质鉴定又包括外观品质、质地和风味、营养和疗效物质的鉴定。抗逆性鉴定主要包括抗干旱、寒冷的能力。抗病虫能力鉴定主要是指针对病虫害侵袭时植物对其抵抗、耐受或躲避的能力强弱的鉴定。

第一节 四川果梅资源的分布与主要品种

一、四川果梅种质资源的分布

四川果梅种质资源普遍分布于盆地东部的边缘山地、盆内低山和西南山地等中亚热带和北亚热带地区。从果皮颜色来分主要有白梅、青梅和黄梅3种类型，果实绝大多数为品质较差、果肉较薄的骨梅。盆东南边缘的重庆巫山、七曜山山岭海拔为1 000~2 000m，是威尔逊首次发现野生梅的川鄂山地地带，但至今武隆、黔江高山地区还有农户不甚了解当地梅的利用价值。

盆地西北和盆周边缘龙门山、邛崃山脉海拔一般为2 000~3 000m，龙门山东侧的青川、平武、安州等县（区）均有分布，以平武较多。平武集中分布在700~1 200m处，1 400m以下都有栽培，1 500~1 700m多为野生，并且多为品质差的骨梅，多数生在由黄栌、川甘亚菊、棣棠花等组成的灌丛内。平武最高年产量达到450t。邛崃山脉东侧以芦山、大邑分布量大，集中分布在900~1 200m处，最高可到1 600m。芦山、大邑多为栽培，有极少数为半野生或野生。

盆南大凉山东侧边缘山地山岭海拔一般为2 000~3 000m，峨边、沐川、屏山、马边等县都有分布，以马边县分布最多，常年产量约为150t，最高年产量可达300t。栽培梅分布在海拔600~1 600m处，野生梅分布在海拔900~1 800m处，少数到2 000m，两者数量都较大。盆地底部除农业生产密集的平原丘陵县（区）外，各县低山区域都有一定栽培面积分布。盆北苍溪县集中分布在海拔700~1 000m处，最高到1 200m。

四川省的果梅主产区目前主要集中在大邑县、平武县、达川区、马边县、崇州市等地。大邑县现种植面积在66.67hm²以上，年产量300~400t；平武县平通镇，目前已有近1 066.67hm²的果梅种植地，年产量超过了10 000t；乐山市马边县种植面积约1 666.66hm²，年产量5 000t以上；崇州市现有种植面积约66.67hm²，主要分布在怀远镇，正常年份产量约1 000t；达州市达川区现有种植面积近6 666.67hm²，并开发出了畅销省内外的果脯、果梅酒等系列产品，在全国范围内享有较高的声誉。

二、四川果梅主要种类和品种

（一）野生资源种类和品种

梅（*P. mume* Sieb. et Zucc.）有许多变种，以下为分布在四川省的梅。

（1）梅（原变种）（*P. mume* Sieb. et Zucc. var. *mune*）　此变种普遍分布于四川盆地东部各县（区）。四川引进的白加贺、莺宿、大青梅、桃梅、胭脂梅品种等属于这一变种。

（2）厚叶梅（*P. mume* var. *pallescens* Franch.）　普遍分布于西南山地各县以及四川省西部的九龙、泸定、丹巴、小金等县和宝兴的硗碛乡。此变种较耐旱，除叶片较厚、近革质外，解剖上栅状组织也较厚。在四川省分布的生境属于干湿季明显的亚热带气候区或干热河谷的中上部地区。

（3）品字梅（*P. mume* var. *pleiocarpa* Maxim.）　原记述为花白色，重瓣，

花中有子房 3~7 个，故一花能结果数个。目前存活的资源花为单瓣，子房 2 个，结 2 个并蒂果。因它们的形状类似，故归为品字梅。仅在平武县发现有少数植株。

（4）杏梅（*P. mume* var. *bungo* Makino） 果橙黄色，有褐色斑点。马边、大邑、平武和重庆市彭水有零星分布。

（5）小梅（*P. mume* var. *microcarpa* Makino） 树形小，枝纤细，绿色。叶小、花小、白色、单瓣、花瓣为 5 枚，萼绿紫色。果实圆，极小，直径约 1.5cm，不及普通梅的 1/2，如大邑斜源乡九龙村药场的小白花梅重约 5g。

（6）大白梅（*Prunus mume* Dabaimei） 四川大邑金星乡星新久村原生资源品种，树势强，对微碱性土壤有良好的适应性，树内短枝、针枝多，叶片大，花为白色，果实短椭圆形，果顶尖，缝合线浅，两侧对称，果皮浅黄色，果肉肉质柔软，味酸，无苦涩味。

（二）人工栽培类型和品种

在栽培上，张旭东（1999）根据调查结果将其分为白梅类、黄梅类、青梅类三类。表 2-1 为四川省有命名记载的果梅种质资源。

白梅类：将熟时果实绿色，果顶绿白色，全熟时黄色。

黄梅类：将熟时果实绿色，果顶绿黄色，全熟时呈深浅程度不同的橙色。

青梅类：将熟时果实青绿色，全熟时青黄色。

表 2-1 四川省有命名记载的果梅种质资源

类型	名称	产地
白梅类	大邑白梅 31 号	四川大邑
	丰产厚叶梅	四川西部
	双河抗病	四川马边
	平武丰产 8511-401	四川平武
青梅类	平武鸳鸯梅	四川平武
	达梅 1 号	四川达州

（三）引进品种

（1）白加贺（*Prunus mume* Baijiahe） 原产于日本的优良果梅品种，20 世纪 80 年代开始引入我国，90 年代初引进大邑县，为第一批引进大邑的日本果梅品种之一。成叶淡绿色，叶缘有细锯齿，花多单朵，颜色多为淡黄白色，果顶较平或微凹，果实短椭圆形，缝合线浅而显著，果实两侧较为对称，果皮淡绿色，成熟后为黄绿色，肉质紧致、粗，味酸，无苦涩味，该品种抗病力弱，尤其是易患上抗疮痂病。树势强，树姿开张。花白色，花粉量极少，不完全花率21.2%~35.5%，花期2月末至3月上旬。果实短椭圆形，柱点微突，果重20~24g，可溶性固形物含量7.0%~7.6%，含糖1.4%~1.6%，含酸4.5%~5.4%，果核径比2.6:1。采摘期6月中下旬。较耐黑星病。适碱土，缺铁性弱。丰产，较稳产，6年生树株产7kg。花粉量极少，需授粉树。

（2）莺宿（*Prunus mume* Yingsu）　原产于日本和歌山县，20世纪80年代开始引入我国，90年代初引进四川省大邑县，是第一批引进大邑的日本果梅品种之一。成叶绿色，叶脉淡绿色，边缘有细锯齿，花瓣为5枚，多为淡红色，果实短椭圆形，果顶平圆，缝合线深，果实两侧较为对称，果皮绿色，阳面偶有小面积红晕，肉质细腻柔软，味酸，有香味，树势强，树姿较直立。该品种耐旱力较强，但耐涝能力弱。花粉红色，花粉量多，不完全花率19.5%~32.5%，花期2月下旬至3月初，暖冬年份较白加贺更易早花。果实短椭圆形，柱点下凹，常具红晕，果重18~22g，含可溶性固形物6.5%~7.2%，含糖1.3%~1.5%，含酸4.4%~5.2%，果核径比2.5:1，采摘期6月中下旬。较耐黑星病，对穿孔病较敏感。钙质土上较白加贺缺铁反应稍轻，较丰产。

（5）南高（*Prunus mume* Nangao）　原产于日本和歌山县，20世纪80年代开始引入我国，90年代初引进大邑县，是第一批引进大邑的日本果梅品种之一，现在四川省各主产区均有大量种植。树冠自然开张形，叶长椭圆形，叶缘有细锯齿，成叶绿色，叶脉淡绿色，花蝶形，多为单朵，花瓣为5枚，果实短椭圆形，成熟度均匀，果顶一侧微耸，缝合线浅，果实两侧不太对称，果皮黄绿色，阳面红晕达到果实面积的一半，肉质紧密，果皮难剥，味酸，苦涩味重，有芳香。

第二节　果梅种质资源遗传多样性及评价

梅与杏、李、桃等其他核果类果树都能杂交形成杂交后代，因此在生物学特性、生长习性、生态适应性和商品性等方面表现出丰富的遗传多样性。果梅的经济栽培主要分布在东亚和东南亚的亚热带地区，中国是目前果梅种植面积最大的国家，四川作为果梅种质资源原生地和主产区之一，种质资源非常丰富，较早就开展资源评价鉴定与开发利用相关工作。达川区、大邑县、平武县和马边县等分别建设有果梅现代产业园区，合计达20 000hm²以上。

一、果梅经济农艺性状评价

张旭东（1999）等对四川梅种质资源的经济性状进行了评价，从果形上看，有球形、短椭圆形、葫芦形和桃形。葫芦形果实基部具短颈，桃形如卵状，果实渐尖，二者利用率低，商品价值差。球形、短椭圆形较好，但两者都存在缝合线深浅不一和两侧果肉是否均厚的问题。商品上以缝合线浅、丰圆的为好，缝合线深，具片肉（缝合线两侧果肉不均匀）的不好。在果重方面，以 16～25g 的中型果比率最大，占总数的 64.9%，商品上也以这类果料的需求量最大。另外，26～50g 的大果占 14.1%，10～15g 的占 21.0%。在果肉厚度方面，以果实径与核径的比表示，作为外销该比例在 2.5∶1 以上即可，一般这种果核比，果肉可占果重的 87% 以上，出现率约为 1.8%。果径比最高的为 3.0∶1，果肉占果重的 92%。果实内含物中，可溶性固形物含量 7%～14%，糖含量 0.8%～2.2%，酸含量 3.2%～8.8%，维生素 C 含量 0.87%～3.4%。果核核尖尖度是外销梅干、梅胚的重要经济性状指标，果核核尖尖锐刺手的为不良性状，核尖尖度多与果顶性状有关，一般果顶圆钝，特别是圆平且柱点下凹的，表现为核尖短小。核尖合格的梅树约占 15%。

刘兴艳等（2007）等对大邑县的 5 种主要果梅品种（大白梅、大黄梅、莺宿、南高、白加贺）的基础营养成分研究显示（表 2-2，表 2-3），这 5 种果梅中可滴定酸含量为 4.62%～6.78%、总糖含量为 1.25%～2.60%、每 100g 果梅维生素 C 含量为 3.48～3.90mg、脂肪含量为 0.22%～0.46%、蛋白质含量为 0.60%～0.88%、每 100g 果梅总氨基酸含量为 342～677mg。

表 2-2　四川大邑果梅的糖酸比

种类	白加贺	南高	莺宿	大白梅	大黄梅
总糖（%）	1.43	1.25	1.32	2.31	2.60
还原糖（%）	0.40	0.29	0.30	0.71	1.00
可滴定酸（%）	4.62	4.71	5.78	6.78	5.90
糖酸比	0.31	0.27	0.23	0.34	0.44

表 2-3　每 100g 四川大邑果梅果实中总氨基酸含量（mg）

种类	大白梅	大黄梅	白加贺	南高	莺宿
天冬氨酸（Asp）	120	88	44	57	54
谷氨酸（Glu）	88	71	38	46	33
丝氨酸（Ser）	35	58	43	60	32
组氨酸（His）	14	19	12	21	11

（续）

种类	大白梅	大黄梅	白加贺	南高	莺宿
甘氨酸（Gly）	36	41	39	78	29
苏氨酸（Thr）*	18	22	16	30	16
丙氨酸（Ala）	41	52	39	69	40
精氨酸（Arg）	20	29	19	36	16
酪氨酸（Tyr）	39	59	30	58	15
缬氨酸（Val）*	20	23	22	37	11
蛋氨酸（Met）*	17	22	12	17	11
苯丙氨酸（Phe）*	16	19	13	27	11
异亮氨酸（le）*	18	20	18	32	14
亮氨酸（Leu）*	21	26	22	49	19
赖氨酸（Lys）*	23	29	19	34	15
脯氨酸（Pro）	25	52	16	26	14
色氨酸（Trp）*	—	—	—	—	—
氨基酸总和	550	631	402	677	342
必需氨基酸总和	132	162	123	226	100
必需氨基酸与氨基酸总量之比	24%	26%	31%	33%	29%

注：*表示为人体必需氨基酸。

蒋维等（2023）以四川果梅主要产区的 8 个主栽品种为材料，分析其果实的理化指标、微量元素、总黄酮、总酚和有机酸的含量，并采用主成分及聚类分析法对其进行综合评价；同时，利用顶空固相微萃取（HS-SPME）结合气相色谱-质谱法（GC-MS）检测并分析果梅挥发性风味成分。结果表明，不同品种果梅品质差异较大，其中达梅 1 号、平武南高、马边大白梅单果重均大于 30g，果肉率均大于 90%，属于极大果；达梅 2 号蛋白质含量最高，每 100g 新鲜果梅含 1.24g 蛋白质；8 个品种果梅糖酸比在 0.25～0.58；大邑大青梅铁元素含量最高，为 187.28mg/kg（DW），达川、大邑、马边地区的 5 个品种果梅均有较高含量的硒元素，平均含量达 0.28mg/kg（DW）；大邑莺宿总黄酮和总酚含量均最高，分别为 84.53mg/g（DW）和 36.03mg/g（DW），显著高于其他品种（$p < 0.05$）；大邑大青梅柠檬酸含量最高达 414.23mg/g，而平武杏梅苹果酸含量最高 85.51mg/g，平武南高琥珀酸及富马酸含量均最高，分别为 54.15mg/g（DW）和 0.79mg/g（DW）。8 个品种果梅共检测出 81 种挥发性物质，共有物质 9 种，其中大邑莺宿和平武南高醛类物质占比最高，主要为正己醛和 2-己烯醛，而其余 6 个品种果梅酯类物质占比最高，尤

以乙酸丁酯为主。综上，马边县及平武县的 4 个品种果梅适合制成乌梅，大邑莺宿、大邑大果梅和达梅 2 号适合精深加工，而达梅 1 号是食用加工的优良品种（彩图 2-1）。

二、梅花器官性状研究

萼片、花瓣、雄蕊和雌蕊由外向内组成了梅花 4 轮花器官。梅花香气独特并且花型繁多，变异大，为花器官生长发育研究提供了材料。同时，果树雌蕊更是重要的生殖器官，因此梅的雌蕊发育的分子生物学成为研究的热点问题。

侍婷（2011）等通过石蜡切片观察了龙眼和大嵌蒂两个果梅品种的雌蕊分化进程，发现雌蕊分化的各个时期，其中雌蕊分化初期是 10 月中下旬，雌蕊分化期是 11 月下旬至 12 月上旬，雌蕊分化末期是 12 月中旬以后。

梅花中有完全花和不完全花。完全花外具有正常生殖能力，表现为雌蕊的缺失、畸形和褐化的不完全花，是因为其雌蕊发育不正常。高志红（2019）等通过研究得出，大嵌蒂这一果梅品种的不完全花比例高达 76.3%，严重影响到梅果实产量。因此，雌蕊败育的分子机制也是近年来的研究热点，科研人员希望寻求解决雌蕊发育异常问题的途径，从而提高完全花比例，提高果实产量和品质。同时运用高通量测序技术对与完全花和不完全花雌蕊败育相关的 miRNA 进行了分析，在 2 种花中，鉴定出 7 个已知 miRNA 和 6 个新 miRNA 的表达差异。Wang 等（2018）发现 *Pm-miR319a* 影响梅花雌蕊的发育，并通过负调控目标基因 *Pm-TCP4* 促进雌蕊败育。侍婷等（2012）发现完全花和不完全花差异蛋白中咖啡酰-辅酶 A-O-甲基转移酶（CCoAOMT）只存在于大嵌蒂完全花中。Sun 等（2016）克隆了 *CCoAOMT* 基因通过洋葱瞬时表达试验证明 CCoAOM 蛋白定位在细胞质中；同时发现 *PmCCoAOMT* 在雌蕊发育后期大嵌蒂中的表达量低于龙眼，而在雌蕊发育前期则刚好相反，并且完全花中表达量高于不完全花。

植物激素中生长素是影响雌蕊发育的重要因素，Song 等（2015）研究发现植物生长素相应因子 *ARF* 基因对雌蕊发育起作用，尤其是 *PmARF13* 和 *PmARF17* 可能是梅花雌蕊发育所必需的。*MADS-box* 基因除调控开花时间外，对花器官形成具有重要调节作用。其中 C 类功能基因 *AG*（*AGAMOUS*）主要负责调控雄蕊和心皮的发育，E 类功能基因 *SEP 1/2/3/4*（*SEPALLATA 1/2/3/4*）主要负责调控 4 轮花器官的形成。综上所述，目前仅仅初步揭示了梅雌蕊败育的分子机制。

三、果梅分子标记研究

从分子生物学水平上对梅的种质资源进行评估，可以从遗传多样性、遗传结构、基因表达以及功能等多个角度出发，对其展开更深入的了解。

目前常用的分子标记包括 RAPD、AFLP 和 ISSR。RAPD（随机扩增多态性 DNA 标记）以聚合酶链式反应为基础，该技术简单易行、反应速度快且成本较低，在植物种质资源的系统鉴定与遗传多样性分析中均得到了广泛的应用，但其缺点为在试验材料数量较大时操作较繁琐，因为在试验前要对其使用的随机引物进行筛选。AFLP（扩增片段长度多态性）基本原理是对基因组酶切片段进行选择性扩增，此技术结合了 RFLP 标记的特异性和 RAPD 标记的随机性，素有"下一代分子标记"之称，但 AFLP 标记的缺点是成本较高且技术上的困难较多。ISSR（简单重复序列间扩增）是一种基于 PCR 反应的新型分子标记，是加拿大蒙特利尔大学 Zietkiewicz（1994）提出的。它结合了 RAPD 和 SSR（简单重复序列标记）技术的优点，比其他分子标记技术提供的基因组 DNA 信息更丰富、操作更简单快捷。ISSR 在遗传多样性、遗传图谱构建和种质资源研究等方面得到了广泛应用。

DNA 分子标记技术目前也已广泛应用于梅的种质资源研究，张俊卫等（2010）利用 ISSR、SRAP 和 SSR 分子标记，对来自中国梅花研究中心资源圃的 135 份梅种质进行了系统分类，进一步探讨了它们的亲缘关系、系统进化和遗传多样性，发现 3 种方法结合能更好解释梅种质亲缘关系。桂腾琴（2008）利用 ISSR 分子标记技术对 39 个果梅品种遗传多样性进行分析，并将其分为 3 大类，发现聚类结果与地域无明显相关性。上官凌飞（2009）应用荧光 AFLP 对 50 个果梅品种进行了区分，还研究了不同地域果梅品种的遗传差异性。王玉娟（2011）对 RAPD 方法进行了优化，以 25 个花梅和 21 个果梅品种为对象进行遗传关系分析，发现花梅和果梅的亲缘关系相近。Zhang 等（2018）以梅花的近缘物种山杏、山桃和李作为参照，构建了梅花品种的系统发育树。还有研究发现杏和梅的亲缘关系比其他近缘种更近。李庆卫（2012）用 ALFP 技术建立了 65 个野生梅的指纹图谱，并结合其形态表型特征将 9 个梅的变种区分。黄妃本（2005）用 ISSR 标记对 7 个自然居群的192 株果梅个体的遗传多样性进行分析，发现地理隔离对自然种群间的基因流动无显著影响。这些学者的研究对梅种质资源分子标记的应用与发展有极大的价值。

四、果梅基因组和叶绿体基因组研究

梅基因组测序对推动梅分子生物学研究提供了基础，也提升了研究水平。Zhang 等（2012）利用全基因组酶切图谱技术（WGM）完成了梅全基因组测序和组装，探索了与梅开花相关的基因以及在低温下打破芽休眠的分子机制，构建了第一个长度为 237Mb 的梅基因组图谱，并预测了梅基因组实际大小约为 280Mb；结合已完成的苹果和草莓基因组序列，重建了蔷薇科植物的祖先染色体，并深入分析苹果属、草莓属和李属 3 个种属不同的染色体融合、断裂的过程。鉴定出了 6 个与休眠相关的 *DAM* 基因，并发现在 *DAM* 基因上游有 6 个 *CBF* 基因的结合位点。关于 *DAM* 基因和多个 *CBF* 结合位点，Sasaki 等（2011）推测其是梅提早解除休眠的关键因子，这些关键因子使得梅对温度变化非常敏感，从而导致梅的休眠期短而开花较早。

梅花具有香气，且香气独特。Hao 等（2014）鉴定出乙酸苯甲酯是梅花香气重要成分，同时分析了苯甲醇乙酰基转移酶基因（*BEAT*），该基因家族在梅基因组中有 34 个，而在苹果中只有 16 个，草莓中只有 14 个，因此推测该基因可增加乙酸苯甲酯含量的剂量效应，从而使梅花具有独特的花香。Zhang 等（2018）以山杏、山桃和李作为参照，通过构建梅花品种的系统发育树，从 16 个亚群中选择出了 7 个梅花品种和 1 个野生梅花，与山杏、山桃、李进行了重新测序和基因组组装，并结合已经发表的桃和梅花基因组，通过 GWAS 分析确定了多个数量性状基因座（QTL）和基因组区域，发现 *MYB108* 基因和花色有关。

植物细胞中包含核基因组、叶绿体基因组和线粒体基因组 3 大基因组。梅核基因组和叶绿体基因组序列图谱的测序完成，有助于开发分子标记进行辅助育种和开展近缘物种的进化分析。叶绿体基因组被认为是系统发育研究的理想系统，与核基因组相比，叶绿体基因组体积小，拥有相对独立的遗传物质叶绿体 DNA、细胞质遗传、核苷酸替换率低、单倍体性质和高度保守的基因组结构。梅叶绿体基因组 DNA 分子结构为典型的闭合双链环状。高志红（2019）实验室测序获得果梅叶绿体基因组全长为 157 815bp。其中，LSC 区长度为 86 113bp，SSC 区长度为 18 916bp；Ira 和 IRb 区长度相等，都为 26 393bp。梅叶绿体基因组 GC 含量为 36.74。其中，IR 区 GC 含量为 42.56，LSC 和 SSC 区域的 GC 含量比 IR 区的分别低 8% 和 12%。在梅的基因注释表中，梅叶绿体基因组编码 133 个基因，其中 110 个是型特异基因。110 个型特异基因由 80 个蛋白编码基因，26 个 tRNA 基因和 4 个 rRNA 基因组成。在 IR 区上有 18 个基因重复，IR 区域内还有 13 个基因。此外，有 12 基因含有内含子，其中 10 个基因含有 1 个内含子，2 个基因含有 2 个内含子。这些内含子中有 9 个分布在 LSC 区，2 个分布在 SSC 区，3 个分布在 IR 区。

第三节 达川乌梅种质资源评价

达川乌梅是对分布于四川省达州市达川区果梅的种质资源及药材乌梅的统

称。达川乌梅是具有显著区域优势的药食同源品种资源，可查证的栽培历史达600余年，现有栽培面积达6 666.67hm² 以上。"达川乌梅"已申请获得国家地理标志产品保护和生态原产地保护，并在2021年11月被农业农村部评为全国十大农作物优异种质资源之一。达川区委区政府近年来积极围绕龙头企业、种植基地、新产品开发、科技创新、政策扶持等要素培育乌梅全产业链，将达川乌梅列入全区现代农业"3＋3＋3"产业体系中的三大特色产业之一，产品类型和产品功能逐步拓展，社会影响力和市场竞争力逐步增强，发展潜力巨大。

西南科技大学天然产物科研团队自2018年以来，围绕达川乌梅种质资源和生物学形态、花果主要成分和分子遗传标记等方面进行系统研究和评价，筛选出综合评价较好的种质资源3份并进行了系列大健康产品的开发；同时，筛选出果梅花色测定的简便新方法，进一步挖掘了达川乌梅花的药用价值，为达川乌梅产业的产品研发和推广及产业发展提供了重要的理论依据及技术支持。

一、达川乌梅种质资源植物学形态研究

达川乌梅的种质资源十分丰富，但由于其起源和驯化方式的多样性，跨地域的品种引进以及对品种的命名缺乏准确性和科学性，致使其在实际应用中出现了同物不同名、同名不同物的现象，且品种资源间的系统发育关系不清，为当地规模化种植和科学育种工作带来了诸多不便。因此，对达川乌梅进行了果梅种质资源综合性评价和筛选。

采样地点总体位于四川省达州市达川区百节镇乌梅山村，现存百年以上树龄的乌梅古树1 500余株，是达川地区青梅种质资源"达川乌梅"的原生地，位置为30°59′N，107°29′E，距达川市区20余km。达州市达川区位于四川盆地东平行岭谷区、盆中丘陵区、盆周低山区连接地带，其总体地貌特征为北部高、南部低，属四川盆地丘陵土壤区，土壤疏松肥沃且以砂质壤土为主，大部分为紫色或紫红色砂岩、页岩构成，土壤也呈紫色或紫红色、黄色，其气候属亚热带季风气候，无霜期299d，年日均气温17.1℃，年均日照时数1 772.7h，3—4月占84.2%；正常年均降水量1 282.2mm，主要集中在5—10月，占88.7%。当地四季分明，热量充足、雨量适中、昼夜温差较大，十分利于乌梅生长发育。

（一）达川乌梅叶果形态考察

1. 试验材料 采自达川区中药材（乌梅）现代农业园区核心区乌梅山村。采集样品55份，见表2-4。

表 2 - 4 样品信息

编号	名称	产地	备注	编号	名称	产地	备注
A1	DC001	四川达州	资源圃区域	A31	DV－27	四川达州	资源圃区域
A2	DC002	四川达州	资源圃区域	A33	GDQM	广东普宁	资源圃区域
A3	DC－3	四川达州	资源圃区域	A34	SXQM	山西洪洞	资源圃区域
A4	DC－4	四川达州	资源圃区域	B1	WMD	四川达州	乌梅帝区域
A5	DC－5	四川达州	资源圃区域	B2	WMD-a	四川达州	乌梅帝区域
A6	DV－1	四川达州	资源圃区域	B3	WMD-b	四川达州	乌梅帝区域
A7	DV－2	四川达州	资源圃区域	B4	WMD-c	四川达州	乌梅帝区域
A8	DV－3	四川达州	资源圃区域	B5	WMD-d	四川达州	乌梅帝区域
A10	DV－6	四川达州	资源圃区域	B6	WMD-e	四川达州	乌梅帝区域
A11	DV－7	四川达州	资源圃区域	B7	WMD-f	四川达州	乌梅帝区域
A12	DV－8	四川达州	资源圃区域	B8	WMD-g	四川达州	乌梅帝区域
A13	DV－9	四川达州	资源圃区域	B9	WMD-h	四川达州	乌梅帝区域
A14	DV－10	四川达州	资源圃区域	B10	WMD-i	四川达州	乌梅帝区域
A16	DV－12	四川达州	资源圃区域	B11	WMD-j	四川达州	乌梅帝区域
A17	DV－13	四川达州	资源圃区域	B12	WMD-k	四川达州	乌梅帝区域
A18	DV－14	四川达州	资源圃区域	C1	WMH	四川达州	乌梅后区域
A19	DV－15	四川达州	资源圃区域	C2	WMH-a	四川达州	乌梅后区域
A20	DV－16	四川达州	资源圃区域	C3	WMH-b	四川达州	乌梅后区域
A21	DV－17	四川达州	资源圃区域	C4	WMH-c	四川达州	乌梅后区域
A22	DV－18	四川达州	资源圃区域	C5	WMH-d	四川达州	乌梅后区域
A23	DV－19	四川达州	资源圃区域	C6	WMH-e	四川达州	乌梅后区域
A24	DV－20	四川达州	资源圃区域	C8	WMH-g	四川达州	乌梅后区域
A25	DV－21	四川达州	资源圃区域	C9	WMH-h	四川达州	乌梅后区域
A26	DV－22	四川达州	资源圃区域	C10	WMH-i	四川达州	乌梅后区域
A27	DV－23	四川达州	资源圃区域	C11	WMH-j	四川达州	乌梅后区域
A28	DV－24	四川达州	资源圃区域	C12	WMH-k	四川达州	乌梅后区域
A29	DV－25	四川达州	资源圃区域	C13	WMH-l	四川达州	乌梅后区域
A30	DV－26	四川达州	资源圃区域				

2. 试验方法

（1）采样点设计　采样点分三大区域，分别是资源圃区域、乌梅帝区域和乌梅后区域。

①资源圃区域样品。此区域乌梅树高 5～10m，树径 0.2～0.5m，主要以百节镇蔡家坡乌梅山为中心，辐射周边，大多是农民种植，树龄不高。

②乌梅帝区域样品。乌梅帝树高 20m，树径 1.5m，树龄 600 余年。此采样区域样品以乌梅帝老树为中心，向周围辐射，大多是上百年的老树。

③乌梅后区域样品。乌梅后树高 18m，树龄 600 余年。此采样区域样品以乌梅后老树为中心，向周围辐射，大多是上百年的老树。

（2）达川乌梅叶果形态考察　对达川乌梅叶片、果实进行叶片长、叶片宽、叶片周长、叶面积、叶重、单果重、果纵径、果侧径 7 个形态指标观察测量并做统计分析，了解达川乌梅核心种植区域种质的叶果形态多样性。

①叶片形态考察。

叶片调查内容：叶重（g）、叶长（cm）、叶宽（cm）、叶面积（cm^2）。

取样部位：选取梅树受光照较多的外围 10 根延长枝，从每枝中部选发育完全的叶片各 2 张，合计 20 张，进行测量和观察。

测量方法：使用叶面积仪现场测量叶面积，使用电子秤测叶重，用游标卡尺测叶长、叶宽，利用软件 SPSS19.0 对不同单株的叶片特性进行差异比较，分析各单株叶片长势情况。

②果实形态考察。

果实调查内容：果重（g）、果纵径（mm）、果侧径（mm）。

取样部位：取徒长性结果枝和长、中、短果枝枝条上果实，每个单株采集具有代表性的 20 个果实进行测量称重。

测量方法：使用游标卡尺测量果纵径和果侧径，使用电子秤测量单果重。通过软件 SPSS 19.0 对不同品种的果实特性进行差异比较，分析各单株果实生长情况。

3. 研究结果

（1）达川乌梅叶果主要形态

①叶片、果实形态考察。从测量结果总体来看（表 2－5），达川所采样品果重在 6.75～20.84g 之间，平均果重为 11.611g；果侧径在 22.10～33.00mm 之间，平均果侧径为 26.927mm；果纵径在 22.77～34.44mm 之间，平均果纵径为 27.895mm；叶重在 0.14～0.42g 之间，平均叶重为 0.243g；叶面积在 9.76～23.10mm^2 之间，平均叶面积为 15.16cm^2；叶周长在 14.32～22.59cm 之间，平均叶周长为 18.25cm；叶片长为 5.49～8.98cm 之间，平均叶片长为 7.02cm；叶片宽在 2.89～4.76cm 之间，平均叶片宽为 3.624cm。

表 2-5 达川乌梅叶片、果实形态学描述统计量

	极小值	极大值	平均值	标准差	变异系数
果纵径（mm）	22.77	34.44	27.895	2.742	0.098
果侧径（mm）	22.10	33.00	26.927	2.437	0.091
果重（g）	6.75	20.84	11.611	3.209	0.276
叶重（g）	0.14	0.42	0.243	0.065	0.269
叶面积（cm²）	9.76	23.10	15.161	2.908	0.192
叶周长（cm）	14.32	22.59	18.251	1.666	0.091
叶片长（cm）	5.49	8.98	7.020	0.682	0.097
叶片宽（cm）	2.89	4.76	3.624	0.369	0.102

对各指标测得数据进行相关性分析（表 2-6），得出果实、叶片性状之间都具有相关性，其中，果重与叶面积、叶片周长、叶片长和叶片宽具有极显著的相关性。对所有样品的变异系数进行分析，55 份种质的变异系数在 9.05% ~ 27.64% 之间，其中果重、叶重、叶面积三个指标的变异系数较大分别为 27.64%、26.91% 和 19.18%，果侧径的变异系数最小，为 9.05%。

表 2-6 达川乌梅种质资源果实、叶片性状相关性

	果纵径	果侧径	果重	叶重	叶面积	叶周长	叶片长	叶片宽
果纵径	1							
果侧径	0.973**	1						
果重	0.818**	0.827**	1					
叶重	0.276*	0.312*	0.334*	1				
叶面积	0.669**	0.693**	0.507**	0.707**	1			
叶周长	0.832**	0.851**	0.542**	0.460**	0.899**	1		
叶片长	0.822**	0.842**	0.544**	0.439**	0.875**	0.991**	1	
叶片宽	0.811**	0.831**	0.530**	0.544**	0.925**	0.953**	0.912**	1

注：* 表示显著相关（$p < 0.05$），** 表示极显著相关（$p < 0.01$）

达川乌梅的果实叶片对比图（彩图 2-2）；从各指标的直方图来看（图 2-1），正态曲线基本对称，且呈"钟形"分布，说明各指标测量数据基本满足正态分布，可看出果纵径在 26.25 ~ 28.75mm 区间上的统计频次最高；果侧径在 25.00 ~ 27.00mm 区间上的统计频次最高；果重在 8.75 ~ 10.00g 区间上的统计频次最高；叶重在 0.20～0.22g 区间上的统计频次最高；叶面积在 14.00～15.00cm² 区间上的统计频次最高；叶片周长在 18.00～18.66cm 区间上的统计频次最高；叶片长在 6.75～7.00cm 区间的统计频次最高；叶片宽在 3.67～3.83cm 区间上的统计频次最高。

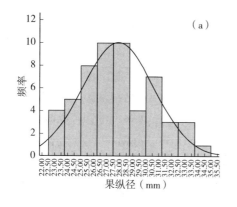

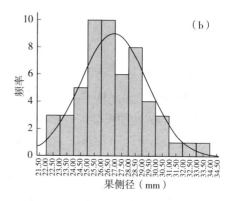

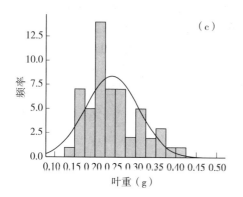

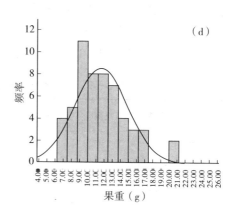

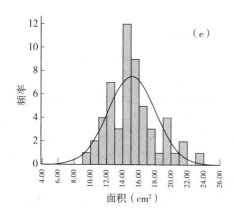

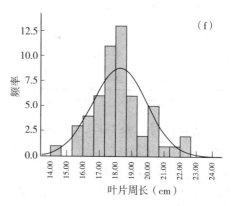

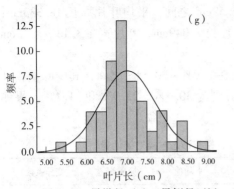
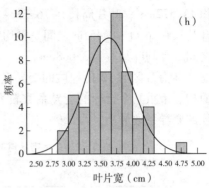

图 2 - 1 果纵径（a）、果侧径（b）、叶重（c）、果重（d）、叶面积（e）、
叶片周长（f）、叶片长（g）、叶片宽（h）测量数据直方图

②达川乌梅叶果形态分区考察。表 2 - 7 可以看到，资源圃所采样品中，果纵径在 23.14 ~ 34.44mm 之间，平均果纵径 28.117mm；果侧径在 22.10 ~ 33.00mm 之间，平均果侧径 27.055mm；果重在 6.75 ~ 20.84g 之间，平均果重 11.771g；叶重在 0.15 ~ 0.39g 之间，平均叶重 0.258g；叶面积在 9.75 ~ 21.37cm² 之间，平均叶面积 15.629cm²；叶片周长在 14.31 ~ 22.53cm 之间，平均叶片周长 18.482cm；叶片长在 5.49 ~ 8.97cm 之间，平均叶片长 7.103cm；叶片宽在 2.97 ~ 4.23cm 之间，平均叶片宽 3.683cm。

资源圃区域 33 份种质的变异系数在 8.4% ~ 27.6% 之间，其中果重、叶重、叶面积三个指标的变异系数较大分别为 27.6%、24.0% 和 16.8%，叶片宽的变异系数最小，为 8.4%。

表 2 - 7 资源圃区域叶片、果实形态学描述统计量

	极小值	极大值	平均值	标准差	变异系数
果纵径（mm）	23.14	34.44	28.117	2.900	0.103
果侧径（mm）	22.10	33.00	27.055	2.666	0.099
果重（g）	6.75	20.84	11.771	3.479	0.276
叶重（g）	0.15	0.39	0.258	0.062	0.240
叶面积（cm²）	9.75	21.37	15.629	2.632	0.168
叶周长（cm）	14.31	22.53	18.482	1.689	0.091
叶片长（cm）	5.49	8.97	7.103	0.758	0.107
叶片宽（cm）	2.97	4.23	3.683	0.309	0.084

乌梅帝区域所采样品中（表 2 - 8），果纵径在 24.27 ~ 31.08mm 之间，平均果纵径 27.121mm；果侧径在 23.49 ~ 29.59mm 之间，平均果侧径 26.352mm；果重在 7.93 ~ 15.56g 之间，平均果重 10.791g；叶重在 0.16 ~ 0.41g 之间，平均叶重为 0.250g；叶面积在 11.96 ~ 23.10cm² 之间，平均叶面

积 15.572cm²；叶片周长在 16.55～22.59cm 之间，平均叶片周长 18.333cm；叶片长在 6.44～8.45cm 之间，平均叶片长 7.049cm；叶片宽在 3.13～4.75cm 之间，平均叶片宽为 3.668cm。

乌梅帝区域 12 份种质的变异系数在 6.9%～30.3% 之间，其中叶重、叶面积、果重三个指标的变异系数较大分别为 30.3%、23.9% 和 21.1%，果侧径的变异系数最小，为 6.9%。

表 2-8　乌梅帝区域叶片、果实形态学描述统计量

	最小值	最大值	平均值	标准差	变异系数
果纵径（mm）	24.27	31.08	27.121	2.021	0.075
果侧径（mm）	23.49	29.59	26.352	1.807	0.069
果重（g）	7.93	15.56	10.791	2.280	0.211
叶重（g）	0.16	0.41	0.250	0.076	0.303
叶面积（cm²）	11.96	23.10	15.572	3.724	0.239
叶周长（cm）	16.55	22.59	18.333	1.780	0.097
叶片长（cm）	6.44	8.45	7.049	0.601	0.085
叶片宽（cm）	3.13	4.75	3.668	0.490	0.133

乌梅后区域所采样品中（表 2-9），果纵径在 22.771～32.443mm 之间，平均果纵径 28.098mm；果侧径在 22.416～30.849mm 之间，平均果侧径 27.171mm；果重在 6.826～17.490g 之间，平均果重 12.018g；叶重在 0.143～0.265g 之间，平均叶重 0.197g；叶面积在 10.620～17.349cm² 之间，平均叶面积 13.541cm²；叶片周长在 15.553～19.007cm 之间，平均叶片周长 17.571cm；叶片长在 5.997～7.267cm 之间，平均叶片长 6.776cm；叶片宽在 2.892～3.958cm 之间，平均叶片宽为 3.427cm。

乌梅后区域 12 份种质的变异系数在 6.8%～26.7% 之间，其中果重、叶重、叶面积三个指标的变异系数较大分别为 26.7%、19.2% 和 15.6%，叶片长的变异系数最小，为 6.9%。

表 2-9　乌梅后区域叶片、果实形态学描述统计量

	最小值	最大值	平均值	标准差	变异系数
果纵径（mm）	22.77	32.44	28.098	2.880	0.102
果侧径（mm）	22.41	30.84	27.171	2.322	0.085
果重（g）	6.82	17.49	12.018	3.203	0.267
叶重（g）	0.14	0.26	0.197	0.038	0.192
面积（cm²）	10.62	17.34	13.541	2.109	0.156
周长（cm）	15.55	19.00	17.571	1.323	0.075
叶片长（cm）	5.99	7.26	6.776	0.463	0.068
叶片宽（cm）	2.89	3.95	3.427	0.326	0.095

分三个区域（资源圃、乌梅帝区域、乌梅后区域）来看，资源圃的平均果纵径、叶重、叶面积、叶片周长、叶片长和叶片宽的值最大；乌梅后区域的平均果侧径和果重的值最大。从代表指标果重来看，资源圃的果重指标变异系数最大，为27.64%，说明资源圃的遗传多样性最为丰富，而乌梅帝区域和乌梅后区域的遗传相对稳定，这也和乌梅山当地的梅树的栽培情况一致。

（2）达川乌梅单果重分析　达川乌梅年产乌梅鲜果约40 000t，但达川乌梅山的梅林由于栽培方式为长期实生栽培，授粉方式为异花授粉，普遍存在花期、成熟期和果形差异较大的乌梅品种混生，造成乌梅品种混杂多样，株与株产量差异大，具体在某一株树上的产量测定困难，统计不准确客观，因此本研究中对达川乌梅的产量指标用果重来代替。从达川乌梅单果重分布次数来看，所采样品果重在6.75～20.84g之间，平均果重为11.611g。从分布次数来看（图2-2）单果重主要集中在10.01～15.00g，分布次数为49.09%；其次在5.01～10.00g之间，分布次数为36.36%；果重在15.01～20.00g之间样品占10.90%；分布最少的为20.01～25.00g的果重，仅占3.63%，达川乌梅总体果重偏小，大果较少。

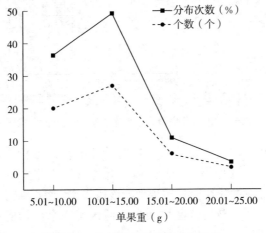

图2-2　达川乌梅单果重分布次数

（3）达川乌梅叶果形态聚类分析　从图2-3可看出，遗传距离为10时分为5类。

第Ⅰ类材料有34份种质，果实较小，单果重量在6.75～13.74g之间，平均果重为10.09g，叶片小而轻，平均叶重为0.217g，平均叶面积为13.933cm²。

第Ⅱ类材料有5份种质，果实较小，单果重量在8.81～10.67g之间，平均果重为9.45g，叶片偏大偏重，平均叶重为0.312g，平均叶面积为 19. 730cm^2。

第Ⅲ类材料有 2 份种质，果实偏大，平均果重为 20.57g，叶片大而重，平均叶重为 0.35g，平均叶面积为 19.736cm^2，是达川乌梅山上之前就推出的优良品种。

第Ⅳ类材料有 13 份种质，果实中等，单果重量在 11.757g（A18）至 17.25g（C1）之间，平均果重为 14.58g，平均叶重为 0.275g，平均叶面积为 16.261cm^2。

第Ⅴ类材料有 1 份种质，果实较大，果重为 17.49g，叶片小而轻，叶重为 0.140g，叶面积为 10.620cm^2。

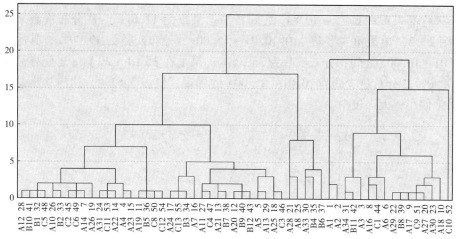

图 2-3   达川乌梅植物学形态特征聚类分析树状图

（4）达川乌梅叶果形态特性   根据对叶片的统计分析，发现叶片相关性状（叶重、叶面积、叶片周长、叶片宽、叶片长）与果实性状具有极其显著的相关性，因此可通过叶片性状初步判断该树果实性状，便于选种育种。通过对乌梅山资源圃区域、乌梅帝区域和乌梅后区域 3 个区域的乌梅叶重、叶面积、叶片周长、叶片长、叶片宽的测算，得出叶重最大的为 0.41g，最小的为 0.14g，两者相差 0.27g；叶面积最大为 23.10cm^2，最小的为 9.75cm^2，两者相差 13.34cm^2；叶片周长最大为 22.59cm，最小的为 14.31cm，两者相差 8.27cm；叶片长最长为 8.97cm，最小的为 5.49cm，两者相差 3.48cm；叶片宽最宽为 4.75cm，最窄的为 2.89cm，两者相差 1.867cm。

通过对乌梅山资源圃区域、乌梅帝区域和乌梅后区域三个区域的乌梅果纵径、果侧径和单果重的测算，得出 A1 果纵径最长 34.44mm，最短的为 22.77mm，两者相差 11.67mm；果侧径最大的为 33.00mm，最小的为 22.10mm，两者相差 10.9mm；单果重最大的为 20.84g，最小的为 6.75g，两者相差 14.09g。因此，综合果纵径、果侧径、单果重等指标，可得出 DC001、DC002 更具发展潜力。

（二）达川乌梅主要花色观察

（1）目测法鉴别花色 2022 年 1 月 17 日至 19 日在达川区乌梅山上采摘样品花瓣，先用肉眼对乌梅树整体花色进行记录，再对乌梅树中部处于花瓣完全展开但还未开始凋谢的花朵进行花色观察，记录其颜色，并划分颜色等级，隔天重复观察该株，重复 3 次，减少人为误差，针对所调查的单株，当观察花色达到一致时，记录其颜色为整株乌梅树的花色。对达川乌梅花样品进行肉眼观察，发现花色有粉红色、粉白色、淡粉色、纯白色（彩图 2-3）。

（2）扫描法鉴别花色 2022 年 1 月 17 日、18 日和 2 月 12 日采集达川乌梅山梅花样本 52 份，每个需要观测记录的单株各取 20 朵花。用塑封袋将采集的花瓣装好并密封，在塑封袋上注明样品编号，然后立即放入冰盒中，带回室内后立即用扫描仪对花瓣正面进行扫描，过程中应防止花瓣氧化变色。从塑封袋中随机选择 10 片花瓣进行扫描以减少人为误差。参照田露申的方法，先将扫描参数固定设置：图像类型为 RGB 色彩（48-bit），图像分辨率为 600ppi，图像宽 5cm，高 20cm，图像面积值设定为 40。扫描后将图片保存为 BMP 格式，使用田露申开发的花色分析软件对扫描仪已保存的花瓣图片的颜色进行块提取。块提取是在图片中设立一个提取面积对所选范围进行 RGB 平均值的提取，以获得被测花瓣的 RGB 值，重复三次后取平均值作为该花瓣的颜色量化值。

梅花花瓣经扫描仪扫描，得到图片文件，使用颜色提取软件块提取方式获得花瓣颜色的 RGB 值，分析发现 G 值变异系数最大，为 7.09%，R 值变异系数次之，为 6.89%，B 值的变异系数最小，为 6.15%，G 值最大的为 193.667，G 值最小的为 112.667。通过目测颜色等级来看，乌梅山间花色高度一致，纯白色花瓣占大多数，占比 79.63%；其次为粉白色花瓣，占 14.81%；淡粉色花瓣占 3.70%；粉红色花瓣仅占 1.85%。

所采花瓣样品中，R 值在 137.667～195.333 之间，平均 R 值为 173.383；G 值在 112.667～193.667 之间，平均 G 值为 173.369；B 值在 127.333～191.333 之间，B 值平均值为 172.719；从 RGB 三值值差来看，RG 值差在 -3.667～25.000 之间；RB 值差在 -4.333～10.333 之间；GB 值差在 -14.667～6.000 之间，三个值差相比，RG 值差的跨度最大。

分三个区域（表 2-10），R 值最大的为资源圃区域，最小的为乌梅后区域；G 值和 B 值最大的为乌梅后区域，最小的为乌梅帝区域；RG 值差和 RB 值差最大的为资源圃区域，乌梅后区域最小；GB 值差最大的为乌梅后区域，最小的为资源圃区域；从目测颜色等级来看，乌梅后区域均值最大，粉白花瓣较多，而乌梅帝区域最小，均为纯白色花瓣。

表2－10　三个区域 RGB 值及值差、目测颜色等级平均值

不同区域	R 值均值	G 值均值	B 值均值	RG 值差均值	RB 值差均值	GB 值差均值	目测颜色等级均值
资源圃区域	174.657	173.844	173.453	0.814	1.205	0.391	1.172
乌梅帝区域	170.289	170.818	170.129	−0.528	0.160	0.689	1.000
乌梅后区域	173.397	174.667	173.474	−1.269	−0.077	1.192	1.769

（3）色素提取法鉴别花色

①将在乌梅山采集的新鲜花瓣装入密封袋中，并立即放入冰盒备用，尽快带回实验室进行试验以防止花瓣氧化变色。

②去除花瓣中的杂质及花粉，排除杂质对色素提取的影响。

③每份样品称取 0.10g 花瓣，置于 10mL 的带盖离心管中，在离心管上用数字标定并做好记录；

④在离心管中加入 10mL 无水乙醇，在避光条件下对梅花花瓣进行浸泡，浸泡时间为 4h；

⑤将转速调整为 5 000r/min，离心 5min 后将上层清液转入新离心管中待用；

⑥取 3mL 上清液至比色皿，在室温弱光条件下用分光光度计测定吸光度值。

为确定色素提取物的特征吸光度和波长，将所采集的 6 份典型花色花瓣（A6、A11、B6、B11、C3、C9）色素提取液用紫外可见分光光度计在波长 400～500nm 范围内进行扫描分析。选出能将各花瓣吸收峰分开的特定波长，对其余化瓣色素提取液的吸光度进行测量，每份样品重复测量 3 次，取其平均值。

将在乌梅山上所采集的 6 份花瓣色素提取液在紫外可见分光光度计上进行

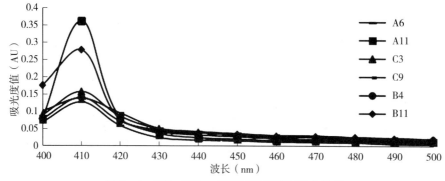

图2－4　400～500nm 紫外可见光谱扫描曲线图

400～500nm 波长扫描，得出光谱图（图 2－4），发现 6 种材料的光谱曲线走势基本一致，在 410nm 波长处均出现最大吸收峰，在 469～495nm 间，6 种材料的光谱曲线重合无法区分，因此，波长 410nm 处吸光度值被选作本研究梅花花色的测量指标（图 2－5），并以该吸光度值进行后续分析。

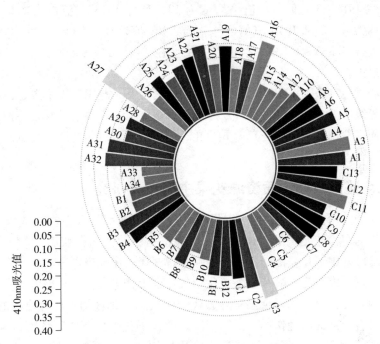

图 2－5　410nm 紫外可见光谱扫描样品吸光值

（4）三种花色调查方法比较　通过以上分析结果可以看出，软件扫描法和色素法两种方法所得到的梅花颜色的量化信息具有较高的一致性，这两种方法都能用来对梅花颜色进行客观分析。在本研究中，目测法设定了统一的颜色分级标准，并对花色反复多次观测记录，减少观测者等主观因素造成的观测误差，可以在一定程度上反映梅花颜色的变化。但与其他两种方法相比，目测法在量化色差方面并不完全准确和客观。因此，色素法和扫描法测量花色优于目视法。

色素法是基于花瓣表层含有色素物质的生理结构，通过根据色素的含量，会产生不同的颜色，色素提取液的吸光度能间接反映花的颜色变化，扫描法是利用色觉原理，直接反映花瓣颜色的变化，但两者测定的花色结果一致。扫描法的操作程序相对简单，成本低，取材后只需直接对花瓣进行扫描得到图片数据，便能使用颜色提取软件得到颜色量化值。而色素法在取材后，需要一系列的步骤对材料进行处理，以确定吸光度。与扫描法相比，色素法步骤更复杂，成本更高，时间更耗时，不适合大量的材料测试。综上所述，扫描法是三种调查方法中最好的方法。

（5）达川乌梅花色评价　R 值在 137.667～195.333 之间，平均 R 值为 173.383；G 值在 112.667～193.667 之间，平均 G 值为 173.369；B 值在 127.333～191.333 之间，B 值平均值为 172.719；RGB 三值最大的均为 A5，最小的均为 A16。从 RGB 三值值差来看，RG 值差在 −3.667～25.000 之间；RB 值差在 −4.333～10.333 之间；GB 值差在 −14.667～6.000 之间，RG 值差的跨度最大。

目测颜色等级与 RG 值差的线性相关程度最高，与 RB 值差次之；可用目测颜色等级与 RG 值差间的回归方程来预测颜色等级。颜色提取软件扫描法的操作简便且费用低廉，将花色差异量化，结果准确客观，能取代目测法来对花瓣颜色进行差异分析。

二、达川乌梅种质资源花果主要成分研究

梅花的药用价值很高，历代对梅花入药的记载都是以白梅花或绿萼梅为主，药用的白梅花是梅的干燥花蕾，白梅花是一种"药食兼用"的中药，其功效为疏肝和中，化痰散结，用于治疗肝胃气痛、瘰疬疮毒等症状。梅花香气特殊，其重要成分为乙酸苯甲酯，化学成分也十分丰富，尤其是以绿原酸为代表的苯丙素类化合物和以金丝桃苷为代表的黄酮类化合物，均有很高的含量。白梅花具有丰富的药理作用，张清华（2008）通过自由基清除活性试验发现，白梅花中的化合物 prunose Ⅲ 具有抗氧化作用；还有试验表明，白梅花中的 prunose Ⅰ、Ⅱ 具有抗血小板凝集的作用；白梅花中提取的甲醇提取物具有防止黑色素沉积的作用，乙醇提取物有明显的美白功能；绿萼梅中的总黄酮具有抗抑郁的作用。

通过对达川区百节镇乌梅山村的 52 份乌梅花中的芦丁、金丝桃苷、异槲皮苷、槲皮素、山奈酚和异鼠李素 6 种类黄酮成分含量进行测定，发掘其花的药用价值。

采样点分三大区域，分别是达川区百节镇乌梅山村资源圃区域、乌梅帝区域和乌梅后区域。资源圃中梅树大多是当地农民栽培，树龄不高，乌梅帝和乌梅后区域大多是上百年的老树，以实生苗为主。分区采样能找出不同区域间的差异与联系，使得对达川乌梅种质资源的评价更准确。

（一）梅花中 6 种黄酮类成分分析

1. 试验方法　利用 HPLC 法对达川乌梅梅花进行 6 种黄酮类成分测定，方法如下。

（1）溶液的制备　精密称取对照品芦丁、金丝桃苷、异槲皮苷、槲皮素、

山奈酚和异鼠李素适量，加 60% 乙醇制成质量浓度分别为 1.2、0.21、0.6、0.21、0.198、0.168mg/mL 的对照品溶液，取各对照品溶液适量于 20mL 棕色量瓶中，加入 60% 乙醇至刻度线，将样品摇匀，即得混合对照品溶液。精密称定梅花样品粉末（过 3 号筛）约 1.0g，置具塞锥形瓶中，加入 60% 乙醇 50mL，密塞并称定质量，超声（40kHz，500W）提取 40min，放冷后用 60% 乙醇补足减失的质量，摇匀并过滤，取续滤液以微孔滤膜再滤过，得到供试品溶液。

（2）色谱条件　参照郑毓珍的方法并进行优化，方法如表 2－11，流动相乙腈（A）－水（含 0.2% 乙酸），梯度洗脱（0～10min，12%～17% A；10～15min，17% A；15～20min，17%～17.5% A；20～25min，17.5%～18% A；25～30min，18%～30% A；30～40min，30%～40% A；40～45min，40%～45%；45～47min，45%～12% A；47～50min，12% A）；检测波长 370nm；柱温 30℃；体积流量 1.0mL/min；进样量 20μL。

表 2－11　优化后的 HPLC 试验条件

时间	A（%）	B（%）	C（%）	D（%）	流量（mL/min）
0	0	0	12	88	1
10	0	0	17	83	1
15	0	0	17	83	1
20	0	0	17.5	82.5	1
25	0	0	18	82	1
30	0	0	30	70	1
40	0	0	40	60	1
45	0	0	45	55	1
47	0	0	12	88	1
50	0	0	12	88	1

（3）线性关系考察　精密吸取混合对照品溶液 1、2、4、6、8、10mL，分别置于 10mL 棕色量瓶中，加入 60% 乙醇到容量瓶刻度线，将样品摇匀，得各混合对照品溶液。在设定的"色谱条件"下进样，横坐标（X）表示对照品的质量浓度、纵坐标（Y）表示峰面积进行线性回归。

（4）样品含量测定　取 52 份乌梅花瓣样品，平行制备供试品溶液各 3 份，在该项色谱条件下进样，以外标法计算白梅花中 6 种黄酮类成分的含有量。

2. 数据分析　以外标法计算白梅花中 6 种黄酮类成分的含有量。从测定结果来看（表2-12），芦丁含量最多的为11.42mg/g；金丝桃苷含量最多为2.862mg/g；异槲皮苷含量最多的为7.79mg/g；槲皮素是所有样品都含有的类黄酮成分，含量最多的含槲皮素1.279mg/g；山柰酚含量最多的为0.093mg/g，异鼠李素含量最多为0.091mg/g，有30份样品都不含异鼠李素。

表2-12　梅花样品6种黄酮类成分含有量测定结果（mg/g，n=3）

样品	芦丁	金丝桃苷	异槲皮苷	槲皮素	山柰酚	异鼠李素
A1	4.443	1.198	2.565	0.730	0.048	0.072
A3	8.294	1.109	3.349	0.164	—	—
A4	—	1.805	—	0.124	—	—
A5	7.916	0.700	3.076	0.141	0.020	—
A6	3.145	1.469	1.911	0.950	0.093	0.068
A8	7.437	1.052	1.997	0.327	0.010	0.034
A10	1.648	0.376	1.255	0.462	0.035	0.024
A12	6.256	1.018	1.776	0.260	0.018	0.044
A14	7.439	0.898	3.157	0.201	0.012	—
A16	2.454	1.049	2.484	0.293	0.018	—
A17	10.000	0.017	5.142	0.688	0.021	0.056
A18	4.021	0.402	1.375	0.140	0.012	—
A19	9.644	0.419	2.773	0.117	0.008	—
A20	1.763	0.790	1.818	0.377	0.010	0.043
A21	5.733	0.830	2.684	0.410	0.017	—
A22	2.915	1.239	3.462	0.500	0.019	—
A23	7.594	2.862	7.790	1.279	0.062	0.091
A24	6.185	0.409	1.540	0.132	0.013	0.037
A25	7.228	—	1.069	0.229	0.016	0.018
A26	6.204	1.286	3.497	0.608	0.022	—
A27	5.477	1.416	1.646	0.144	0.021	—
A28	5.646	0.536	1.922	0.059	0.009	—
A29	5.145	0.452	1.474	0.313	0.026	—
A30	5.893	—	0.906	0.220	0.012	—
A31	8.472	1.062	2.979	0.357	0.021	—
A32	6.042	—	2.290	0.420	0.021	0.058
A33	5.905	—	2.113	0.092	0.013	—
A34	2.885	1.799	3.396	0.464	0.033	0.048

（续）

样品	芦丁	金丝桃苷	异槲皮苷	槲皮素	山柰酚	异鼠李素
B1	2.092	0.062	0.508	0.526	0.028	0.047
B2	8.048	—	1.912	0.330	0.009	—
B3	7.386	1.651	3.778	0.182	0.013	
B4	3.349	0.630	1.285	0.123	—	
B5	5.860	0.727	2.519	−0.044	0.017	
B6	9.032	0.250	1.776	0.365	0.036	—
B7	1.286	0.072	0.352	0.258	0.015	0.030
B8	6.582	0.182	1.110	0.433	0.02	—
B9	4.414	0.534	1.490	0.065	—	0.035
B10	0.712	1.383	0.299	0.203	—	
B11	5.680	0.342	2.515	0.595	0.029	0.055
B12	9.940	0.833	2.535	0.503	0.023	0.030
C1	2.646	0.116	0.623	0.352	0.034	0.041
C2	7.341	2.086	4.760	0.182	0.014	
C3	11.142	—	3.188	0.165	—	0.048
C5	3.055	0.264	1.607	0.516	0.032	0.050
C6	4.330	0.068	0.764	0.092	—	
C7	8.998	0.408	1.938	0.166		0.024
C8	8.042	—	2.226	0.157	—	
C9	2.799	0.736	1.908	0.077	—	
C10	4.415	1.626	2.575	0.365	0.012	
C11	3.526	0.500	1.093	0.523	0.021	0.038
C12	4.894	0.715	1.987	0.215	0.015	
C13	6.762	0.343	1.639	0.122	0.011	

如表2-13所示，采集的样品中达川乌梅梅花芦丁平均含量为5.540mg/g，金丝桃苷平均含量为0.725mg/g，异槲皮苷平均含量为2.189mg/g，槲皮素平均含量为0.321mg/g，山柰酚平均含量为0.018mg/g，异鼠李素平均含量为0.019mg/g。其中槲皮素、异鼠李素是所有样品中共有的黄酮类成分，芦丁和异槲皮苷的含有量较高，金丝桃苷和槲皮素的含有量次之，山柰酚和异鼠李素的含有量较低，其中异鼠李素在一半以上的供试品中未检测到。这52份达川乌梅梅花花瓣6种类黄酮成分含量变异系数差距较大，均大于40%。其中异

鼠李素含量的变异系数最大，为131.44%；芦丁含量的变异系数最小，为47.49%。6种类黄酮成分含量的变异系数从大到小依次为：异鼠李素 > 山奈酚 > 金丝桃苷 > 槲皮素 > 异槲皮苷 > 芦丁。

表2-13 梅花6种黄酮类成分含量描述统计量

	最小值（mg/g）	最大值（mg/g）	平均值（mg/g）	标准差	变异系数
芦丁	0	11.141 7	5.540 6	2.631 5	0.474 9
金丝桃苷	0	2.861 6	0.725 4	0.640 0	0.882 3
异槲皮苷	0	7.789 7	2.189 0	1.328 1	0.606 7
槲皮素	0	1.279 0	0.321 5	0.240 0	0.746 3
山奈酚	0	0.093 0	0.018 1	0.016 6	0.918 3
异鼠李素	0	0.090 7	0.019 0	0.025 0	1.314 4

3. 相关性分析（表2-14） 梅花样品中芦丁与金丝桃苷、槲皮素、山奈酚、异鼠李素含量呈负相关，与异槲皮苷含量呈极显著正相关（$p < 0.01$）；金丝桃苷与异槲皮苷、槲皮素、山奈酚、异鼠李素含量呈正相关，其中与异槲皮苷呈极显著正相关（$p < 0.01$），与槲皮素、山奈酚含量呈显著正相关（$p < 0.05$）；异槲皮苷与槲皮素、山奈酚、异鼠李素含量呈正相关，其中与槲皮素含量呈极显著正相关（$p < 0.01$）；槲皮素与山奈酚、异鼠李素含量呈极显著正相关（$p < 0.01$）；山奈酚与异鼠李素含量呈极显著正相关（$p < 0.01$）。

表2-14 梅花花瓣6种黄酮类成分含量相关性分析

	芦丁	金丝桃苷	异槲皮苷	槲皮素	山奈酚	异鼠李素
芦丁	1					
金丝桃苷	−0.141	1				
异槲皮苷	0.514 **	0.522 **	1			
槲皮素	−0.038	0.339 *	0.456 **	1		
山奈酚	−0.109	0.284 *	0.26	0.807 **	1	
异鼠李素	−0.048	0.082	0.246	0.696 **	0.590 **	1

注：* 表示显著相关（$p < 0.05$），** 表示极显著相关（$p < 0.01$）

4. 主成分分析 以52份梅花样品的6种类黄酮化合物含量为基础，计算各主成分的特征向量和贡献率（表2-15）。可以看出：第1个主成分特征值为2.787，贡献率为46.443%，以槲皮素和山奈酚含量为主要指标，特征值向量分别为0.927和0.837；第2个主成分特征值为1.46，贡献率为24.326%，累计贡献率为70.769%，该主成分以芦丁和异槲皮苷含量为主要指标，特征向量分别为 0.847 和 0.714；第 3 个主成分特征值为 1.041，该主成分以芦丁和金丝桃苷含量为主要指标，其特征向量为 0.473，贡献率为 17.343%，累计贡献率为 88.112%，累计贡献率超过 80%，这 3 个主成分可以代表 52 份梅花样品 6 种类黄酮化合物含量的特征。

表 2-15　梅花样品 6 种类黄酮成分含量的系数及贡献率

指标	特征向量		
	主成分 1	主成分 2	主成分 3
槲皮素 (X_1)	0.927	−0.152	0.107
山柰酚 (X_2)	0.837	−0.296	0.098
异鼠李素 (X_3)	0.747	−0.279	0.383
芦丁 (X_4)	0.048	0.847	0.473
异槲皮苷 (X_5)	0.627	0.714	−0.117
金丝桃苷 (X_6)	0.522	0.206	0.473
贡献率（%）	46.443	24.326	17.343
累计贡献率（%）	46.443	70.769	88.112

5. 聚类分析　对 52 份梅花样品类黄酮成分含有量进行聚类分析，得到图 2-6 聚类分析树状图。可以看到，当遗传距离为 5 时分为 5 类：

第 I 类材料有 15 份种质，这类种质的芦丁含量平均值为 8.356mg/g，金丝桃苷含量平均值为 0.980mg/g，异槲皮苷含量平均值为 2.863mg/g，槲皮素含量平均值为 0.264mg/g，山柰酚含量平均值为 0.017mg/g，异鼠李素含量平均值为 0.034mg/g。这类群的梅花芦丁含量较高，其中所有样品中芦丁含量最高为 11.142mg/g 也包含其中。

第 II 类材料有 1 份种质，该样品的芦丁含量极高，达到 10.000mg/g，异槲皮苷的含量也较高，为 5.142mg/g。

第 III 类材料有 20 份种质，这类群梅花的 6 种类黄酮含量接近平均值。

第 IV 类材料有 15 份种质，这类群梅花的芦丁含量较低，为 2.448mg/g，其他 5 种类黄酮含量接近平均值。

第 V 类材料有 1 份种质。该样品的 6 种类黄酮含量与总体样品的平均值相比都较高，芦丁含量为 7.594mg/g，金丝桃苷含量为 2.862mg/g，异槲皮苷含量为 7.790mg/g，为所有样品中的最高值；槲皮素含量为 1.279mg/g，山柰酚含量为 0.062mg/g，异鼠李素含量为 0.091mg/g。该种质类黄酮的含量较高，综合得分为第一名，具有很大的推广繁育意义。

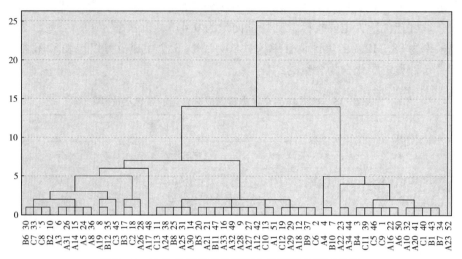

图 2-6 达川乌梅梅花类黄酮含量聚类分析树状图

（二）四川不同产区果梅代表品种主要成分分析

虽然果梅有丰富的营养价值，但关于对达川乌梅除枸橼酸以外的其他营养成分报道较少，将达川乌梅代表性品种与四川 3 个果梅主产地的品种的果实含量及营养成分进行分析比较，对评价达川乌梅的营养保健价值具有重要意义，有利于在多维度、深层次上开发利用达川乌梅。

1. 检测方法 四川不同产区乌梅代表品种主要成分测定的检测方法如下。

可溶性固形物测定：折射仪法《水果和蔬菜可溶性固形物含量的测定》（NY/T 2637—2014）。

总糖测定：3,5-二硝基水杨酸比色法《水果及制品可溶性糖的测定》（NY/T 2742—2015）。

总酸测定：酸碱滴定法和 pH 电位法测定食品中总酸《食品安全国家标准 食品中总酸的测定》（GB 12456—2021）。

粗蛋白质测定：半含量凯氏定氮法《粮油检验 粮食及制品中粗蛋白测定 杜马斯燃烧法》（GB/T 31578—2015）。

果肉可食率 =（果重-核重）/果重×100%。

总黄酮、柠檬酸（枸橼酸）、苹果酸、琥珀酸的测定：测定方法为《中国药典》2020 版四部通则 0512 高效液相色谱法，检验依据为《中国药典》2020 版一部乌梅药材标准。

总酚的测定：采用福林酚法测定。

测量数据使用 SPSS 软件做主成分分析，计算各指标相关矩阵的特征值、特征向量、各主成分的方差贡献率和累计方差贡献率，以累计贡献率大小提取主成分，根据主成分得分函数计算出各个果梅品种的得分，并从高到低依次排序，选出 9 个代表品种中的优异品种。

2. 主要成分测定分析 对达川乌梅的 6 个主推品种和大邑、平武、马边的 3 个代表品种进行乌梅品质指标测定分析（包括果肉率、总糖、总酸和可溶性固形物含量），得出各指标含量（表 2 - 16），大邑南高的果肉率最高，平均含量为 91.11%，达川乌梅 A5 的果肉率最低，平均含量为 83.51%；达川乌梅 DC001（来源于四川达州资源圃区域）的总糖含量最高，平均含量为 20.20%，A5 最低，平均含量为 14.38%；达川乌梅 B1 的总酸含量最高，平均含量为 32.71%，达川乌梅 A4 含量最低，平均含量为 23.94%；马边青梅的可溶性固形物含量最高，平均含量为 11%，大邑南高含量最低，平均含量为 7%。达川乌梅 A4 的糖酸比最高，达 73.64%，A2（65.51%）、A1（65.16%）、A3（62.46%）的糖酸比也较高。乌梅主要用于加工，食用率决定了乌梅的加工率，是乌梅加工选择的其中一个指标，一般情况下，乌梅可食率应在 86.35% 以上，并且越高越好。总糖、总酸和可溶性固形物都是评价乌梅品质的重要指标。

总体看来。达川乌梅几个代表品种的果实内含物丰富，A1、A2 的果肉率达 90% 以上，可媲美大邑代表引种品种南高，同时，A1 和 A2 的总糖含量也极高，达到 20% 以上，甜度较高，果实酸甜可口，A1 的可溶性固形物平均含量（10.5%）达到果梅果实可溶性固形物极高标准，说明 A1 的果实成熟度很高。A1 作为达川 6 个代表品种之一，与其余 3 个四川代表品种指标测定结果不相上下，有些指标甚至更优，具有极大的推广和发展意义。

表 2 - 16 不同产地不同乌梅品种果肉率、总糖、总酸含量

	果肉率（%）	总糖（%）	总酸（%）	可溶性固形物含量（%）	糖酸比（%）
DC001	90.27	20.20	31.00	10.5	65.16
DC002	90.81	20.10	30.68	8.0	65.51
DC - 3	89.47	17.54	28.08	8.5	62.46
DC - 4	83.78	17.63	23.94	9.0	73.64
DC - 5	83.51	14.38	27.88	7.5	51.58
WMD	86.21	15.84	32.71	9.5	48.43
大邑南高	91.11	15.05	32.57	7.0	46.21
平武杏梅	88.75	14.41	29.8	10.7	48.36
马边青梅	90.79	14.68	32.35	11.0	45.38

通过对四川省 4 个果梅主产区的 9 个不同品种果梅的总黄酮、总酚、柠檬

酸、苹果酸、琥珀酸和蛋白质含量的测定（表2－17）。9个品种的总黄酮含量在1.48%～14.76%之间，差异较大，其中A5（14.76%）的总黄酮含量极高，达到了最低含量大邑南高（1.48%）的将近10倍，B1（5.28%）和A4（4.91%）的总黄酮含量也超过了大邑南高、平武杏梅（4.19%）和马边青梅（3.46%），A5具有极高的药用价值，可以做药用专用型乌梅品种来推广。从总酚含量来看，在26.207%～36.898%之间，大邑南高（36.898%）最高，平武杏梅、马边青梅的含量均在30%以上，高于6个达川代表乌梅品种。柠檬酸（枸橼酸）含量在33.33%～39.30%之间，A2（38.28%）含量较高，仅次于含量最高的大邑南高（39.30%），其余品种差异不大。苹果酸含量在2.82%～5.54%之间，B1（5.54%）含量最高，与大邑南高（5.21%）和平武杏梅（5.39%）含量都超过了5%，其余品种差异不大。琥珀酸含量在0.02%～4.58%之间，差异较大，最大的为平武杏梅（4.58%），A3（2.26%）和A2（2.07%）次之，其余6个品种琥珀酸含量都低于2%。9种乌梅的蛋白质含量在0.37%～1.24%之间，A2的蛋白质含量最高，达到1.24，远远超过大邑南高（0.82%）、平武杏梅（0.4%）和马边青梅（0.47%），大邑南高的蛋白质含量已经达到很高的值，而A2超过了其含量的51.22%，可见A2的营养极为丰富。同时，A4（0.67%）、A5（0.67%）、B1（0.52%）的蛋白质含量也超过了平武杏梅和马边青梅。

表2－17　不同产地不同乌梅品种总黄酮、总酚、柠檬酸、
苹果酸、琥珀酸、蛋白质含量

	总黄酮（%）	总酚（mg/g）	柠檬酸（%）	苹果酸（%）	琥珀酸（%）	蛋白质（%）
DC001	2.64	21.124 7	34.77	2.82	0.02	0.47
DC002	2.63	21.087 6	38.28	3.91	2.07	1.24
DC－3	3.43	26.207 7	33.33	3.31	2.26	0.37
DC－4	4.91	22.640 7	36.65	3.44	1.79	0.67
DC－5	14.76	26.652 4	36.34	3.44	1.07	0.67
WMD	5.28	22.424 2	37.49	5.54	1.76	0.52
大邑南高	1.48	36.898	39.3	5.21	1.96	0.82
平武杏梅	4.19	36.825 6	34.06	5.39	4.58	0.4
马边青梅	3.46	32.795 9	37.94	3.79	1.84	0.47

3. 主成分分析　对不同乌梅品种的果肉率、总酸、总糖、蛋白质、可溶性固形物、总黄酮、总酚、柠檬酸、苹果酸、琥珀酸10项主要品质指标进行主成分分析，综合比较不同乌梅品种的果实品质。

通过计算可知（表2－18），对9个代表品种品质做主成分分析得出前4

个主成分的特征值均在 1 以上,且累积方差贡献率达到 86.107%;主成分 1 是最重要的主成分,其特征值为 3.068,方差贡献率反映出其占所有指标信息的 30.682%;主成分 2 重要程度排名第二,其特征值为 2.446,方差贡献率达 24.455%,占全部指标信息的 24.455%;主成分 3 重要程度位居第三,它的特征值为 2.084,方差贡献率为 20.843%,占全部指标 20.843% 的信息,是第三个重要的主成分,第四重要主成分是主成分 4,其特征值为 1.103,方差贡献率为 10.127%,占全部指标 10.127% 的信息。因此,可对上述 4 个主成分分别计算其单项和综合得分,从而实现对代表品种乌梅果实质量的综合评估。

表 2 - 18 成分的方差贡献率和累积方差贡献率

成分	初始特征值	百分率(%)	累积百分率(%)
1	3.068	30.682	30.682
2	2.446	24.455	55.138
3	2.084	20.843	75.980
4	1.013	10.127	86.107
5	0.640	6.400	92.508
6	0.401	4.006	96.513
7	0.299	2.993	99.506
8	0.049	0.494	100
9	$2.80E-16$	$2.80E-15$	100
10	$1.37E-16$	$1.37E-15$	100

通过计算可看出(表 2 - 19),在第 1 主成分中,总酚、苹果酸、琥珀酸、果肉率、可溶性固形物、柠檬酸都为正系数值,但可溶性固形物和柠檬酸的系数较小,最大的为总酚,其次为苹果酸、琥珀酸、果肉率,这表明,主成分 1 主要反映乌梅的营养成分,即总酚、果酸和琥珀酸。对于主成分 2,5 个属性:总糖、总酸度、蛋白质、果肉百分比和柠檬酸具有较高的系数,在这 5 种物质中蛋白质系数值最大,果肉率次之,由此可见蛋白质和果肉率在主成分 2 中都能反映果梅果实的内在品质特性。在主成分 3 中,总酚、苹果酸、蛋白质、总黄酮、柠檬酸都为正系数值,但最大的为柠檬酸,表明主成分 3 中主要反映乌梅内含柠檬酸的药用特性。在主成分 4 中,琥珀酸、总糖、蛋白质这 3 个性状具有较高的系数值,但琥珀酸的最大,表明主成分 4 中主要反映乌梅内含的琥珀酸的药用特性。通过主成分的方差贡献率以及初始载荷矩阵的特征向量分析得到:总酚、苹果酸、琥珀酸、蛋白质、果肉率、总酸、总黄酮、柠檬酸、总糖为乌梅的果实品质的主要因素。

表 2-19   不同产地不同乌梅品种 10 个质量性状的系数及贡献率

指标	特征向量			
	主成分 1	主成分 2	主成分 3	主成分 4
总酚（X_1）	0.846	-0.231	0.119	0.043
苹果酸（X_2）	0.801	-0.017	0.327	0.078
琥珀酸（X_3）	0.675	-0.332	-0.006	0.610
总糖（X_4）	-0.617	0.590	-0.415	0.259
总酸（X_5）	0.612	0.515	-0.076	-0.509
蛋白质（X_6）	-0.196	0.675	0.571	0.311
果肉率（X_7）	0.480	0.667	-0.444	0.035
总黄酮（X_8）	-0.379	-0.616	0.522	-0.288
可溶性固形物（X_9）	0.224	-0.227	-0.759	-0.251
柠檬酸（X_{10}）	0.193	0.581	0.643	-0.250
贡献率（%）	30.682	24.455	20.843	10.127
累计贡献率（%）	30.682	55.138	75.980	86.107

综合得分越高（表 2-20），表明其综合品质越好，在这 9 个乌梅品种中，排名前三的分别是大邑南高、达川 A2、马边青梅，大邑南高和马边青梅都是当地的代表优质品种，在全国已经有一定的知名度，其内含品质可以作为优异乌梅品种的参考，将达川代表品种与其相比，更能直观地反映达川乌梅的果实品质，使结果更具说服力。A2 作为达川乌梅的代表品种之一，排名位居第二，说明达川乌梅 A2 的综合评价较好，达川乌梅的整体品质也较好，值得一提的是 A5 虽然排名较靠后但其超高的黄酮含量说明其药用价值极高，A5 是达川乌梅山上一棵百年老树，其果实很小，平均果重仅为 7.167g，不适合用作食用梅来推广，由此可见 A5 可以用作专用的药用梅品种来推广发展，有很大的研究价值。

表 2-20   不同产地乌梅代表品种 10 个质量性状的主成分得分及综合评价

样品	主成分得分				综合得分 Y	排名
	Y_1	Y_2	Y_3	Y_4		
A1	-1.73	0.99	-1.82	-0.94	-0.76	7
A2	-0.77	2.75	1.31	1.1	0.82	2
A3	-0.76	-0.70	-1.05	0.82	-0.54	6
A4	-1.99	-0.93	-0.76	0.98	-0.90	9
A5	-1.68	-1.88	0.97	-0.83	-0.86	8
B1	0.65	-0.05	-0.05	-0.98	0.08	5
大邑南高	2.23	1.57	2.30	0.02	1.55	1
平武杏梅	2.54	-1.9	-0.74	1.07	0.27	4
马边果梅	1.50	0.16	-0.15	-1.25	0.34	3

三、达川乌梅种质资源 ISSR 分子标记多样性研究

（一）采样点

采样点分三大区域，分别是资源圃区域、乌梅帝区域和乌梅后区域。资源圃中梅树大多是当地农民栽培，树龄不高，乌梅帝和乌梅后区域大多是上百年的老树，以实生苗为主。分区采样能推测出不同区域间种质的亲缘关系和遗传变异程度。

（二）ISSR 分子标记

首先探索建立适合的 PCR 反应体系，对达川乌梅种质进行 ISSR 分子标记处理，并对结果进行多态分析与聚类分析，进一步研究达川乌梅的亲缘关系和遗传多样性。

应用上述 PCR 体系，参照 UBC801—900 公布的序列随机合成 19 条引物用以引物筛选，从供试的 56 份果梅种质中随机挑选 1 个样品，对 19 条引物初筛，初步选出合适引物后，再用 15 个样品进行引物复筛，最终选出扩增条带清晰，多态性丰富的 9 条引物（表 2-21），对所有样品进行 PCR扩增。

表 2-21 筛选出的引物序列及其特征信息

引物	碱基序列
N12	AGAGAGAGAGAGAGAGCTG
N23	GAGAGAGAGAGAGAGACTT
N26	GTGTGTGTGTGTGTGTCTA
N28	GTGTGTGTGTGTGTGTAGA
N34	ACACACACACACACACAGA
N36	ACACACACACACACACCTG
N40	GACAGACAGACAGACA
UBC842	GAGAGAGAGAGAGAGACTG
AF77139	GGGTGGGGTGGGGTG

引物浓度确定：在对引物进行筛选后，对引物浓度的筛选与确定也十分重要，引物的浓度会影响扩增出的条带图像的亮度与清晰度，选出合适的引物浓度进行 PCR 反应能够让条带更加明显清晰，设立 $0.16\mu M$、$0.24\mu M$、$0.32\mu M$、$0.4\mu M$ 和 $0.5\mu M$ 的引物浓度进行反应并筛选出各引物的最适浓度（表 2-22）。

表 2 - 22　引物浓度筛选结果

引物	浓度（μM）
N12	0.16
N23	0.16
N26	0.16
N28	0.24
N34	0.40
N36	0.16
N40	0.40
UBC842	0.16
AF77139	0.50

（三）结果与分析

1. 多态性分析　多态性位点是一个很好的度量群体遗传多样性的指标，多态性位点的数量越多，群体的生存能力和对环境的适应性就越强，数量越少，群体被环境所淘汰的可能性也就越大。大部分 ISSR 引物在 56 份乌梅种质间表现的较多态性水平高（图 2 - 7），9 个引物扩增的条带共 59 条，多态性条带 58 条，平均每对引物扩增出的位点数和多态性位点数分别为 6.55 和 6.44，多态性比率为 98.30%。各引物多态性比率为 75%～100%，扩增谱带分子量在 150～2 000bp 之间。在筛选出的引物中，引物 UBC842 扩增的多态性位点数排名第一，为 12 个；引物 N28 扩增的多态性位点数排名第二，为 9 个；引物 N23 排名最后，仅有 3 个多态性位点；除了引物 N23 的多态性位点百分率为 75%，其余 8 个引物的多态性位点百分率均为 100%，说明达川乌梅各品种间具有丰富的遗传多样性（表 2 - 23）。表 2 - 24 为引物 N28 对部分达川乌梅种质资源的 ISSR 扩增结果，可见每份达川乌梅种质具有的 ISSR 多态性标记数在 2～36 之间，平均 ISSR 多态性标记数为 22.45，A3（DC - 3）的多态性标记数最多，为 36，B4（WMD-c）最少，仅为 2。

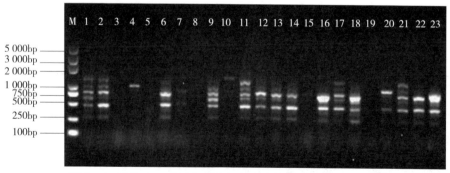

图 2 - 7　引物 N28 对部分达川乌梅种质资源的 ISSR 扩增结果

表 2 - 23　不同 ISSR 引物在 56 份达川乌梅种质中扩增出的多态性

引物	扩增总带数	多态性带数	多态性比率（%）
N12	7	7	100
N23	4	3	75
N26	5	5	100
N28	9	9	100
N34	6	6	100
N36	5	5	100
N40	5	5	100
UBC842	12	12	100
AF77139	6	6	100
总计	59	58	
平均	6.55	6.44	98.30

表 2 - 24　56 份达川乌梅种质 ISSR 标记多态性比率

样品	多态性带数	多态性比率（%）	样品	多态性带数	多态性比率（%）
A1	5	8.47	A29	32	54.24
A2	25	42.37	A30	31	52.54
A3	36	61.02	A31	7	11.86
A4	32	54.24	A33	9	15.25
A5	34	57.63	A34	28	47.46
A6	28	47.46	B1	10	16.95
A7	24	40.68	B2	3	5.08
A8	16	27.12	B3	9	15.25
A9	19	32.20	B4	2	3.39
A10	15	25.42	B5	30	50.85
A11	34	57.63	B6	11	18.64
A12	19	32.20	B7	33	55.93
A13	10	16.95	B8	35	59.32
A14	32	54.24	B9	25	42.37
A15	14	23.73	B10	35	59.32
A16	3	5.08	B11	27	45.76
A17	26	44.07	B12	3	5.08
A18	31	52.54	C1	16	27.12
A19	31	52.54	C3	15	25.42
A20	17	28.81	C4	34	57.63
A21	34	57.63	C5	35	59.32
A22	27	45.76	C6	32	54.24
A23	23	38.98	C8	7	11.86
A24	28	47.46	C9	14	23.73
A25	18	30.51	C10	34	57.63
A26	18	30.51	C11	29	49.15
A27	24	40.68	C12	27	45.76
A28	30	50.85	C13	31	52.54

2. 聚类分析　将 DPS 0－1 矩阵数据根据 Jaccard 相似性系数进行 UPGMA 聚类分析（彩图 2－4）。由图中可得出，类间距离为 0.61 时为 5 类：

第 Ⅰ 类材料有 12 份种质；这类材料中，有 8 份种质来自资源圃，有 1 份种质来自乌梅帝区域，3 份种质来自乌梅后区域。

第 Ⅱ 类材料有 4 份种质；这类材料中，2 份种质来自资源圃，其余 2 份种质来自乌梅帝区域。

第 Ⅲ 类材料有 34 份种质，这类材料中，有 21 份种质来自资源圃，有 5 份种质来自乌梅帝区域，7 份种质来自乌梅后区域，这类材料资源圃、乌梅帝和乌梅后三个区域的种质含量较丰富。

第 Ⅳ 类材料有 1 份种质，来自乌梅后区域。

第 Ⅴ 材料有 5 份种质，这类材料中，2 份种质来自资源圃，其余 3 份种质来自乌梅帝区域。

3. 达川乌梅种质亲缘关系分析　课题组运用 ISSR 分子标记技术将 56 份达川乌梅种质分为 5 组，资源圃和乌梅帝区域的种质分类交叉较多，与乌梅后的交叉较少，说明资源圃区域与乌梅帝区域的种质亲缘关系较近，这也和当地资源圃梅树很多是从乌梅帝区域引种种植，而乌梅后区域相对独立这一情况相吻合。B1（WMD）和 C1（WMH）都分在了第一类群，乌梅帝和乌梅后都是树龄 600 余年的老树，聚类结果表明这两棵树的亲缘关系相近，推测在多年以前乌梅帝与乌梅后可能来源同一个母本株的果实所产生的种苗。

这 56 份乌梅种质中，分别采自距离较远的 3 个区域，并且还有两份种质来自广东和山西的引种（A33、A34），这两个外省种质与乌梅山的乌梅种质之间可能亲缘关系较远，现这两个品种与乌梅山的品种栽培在一起，它们之间可能相互授粉，可能会改良控制某些性状的基因，果实可能也会同时带有父本和母本的性状。从聚类图上得知这 A33（广东青梅）和 A34（山西青梅）两个品种分别被分在第 2 类和第 3 类，可以猜测 B3、A31、B6 可能与广东青梅之间有相互授粉，而第三类的 34 份种质可能与山西青梅之间有相互授粉。

乌梅叶片、果实形态性状聚类结果的第 1 类和 ISSR 聚类结果的第 3 类有18 份种质重合，通过叶片、果实性状及果实内含物 3 个指标所筛选出来的药用价值极高的 A5（DC5）和综合发展潜力较好的 A2（DC002）均在第 3 类，推测这类乌梅的综合品质较好，类黄酮含量可能也较高，有较高的食用和药用价值。

本次研究共在乌梅山上采集 56 份样本，分析结果较客观科学。植物的遗传变异除了受环境因素影响外，还受生物竞争、自然选择等其他众多的因素所影响，达川乌梅各种质间拥有丰富的遗传多样性，所以在乌梅种质资源调查过程中，做分子标记的样品采集很重要，除了采集相近的单株个体外，对乌梅山上海拔和环境差异较大地区的样品也都采集到，使样品多样化，这样才能更好地评价与保护乌梅的遗传资源，因此本研究选取了资源圃区域、乌梅帝区域和乌梅后区域三个区域；除了乌梅山的样品外，本文还采集了当地近年从广东和山西引种的种质作为样品之一，目的是分析判断引种种质是否与达川本地种质间相互授粉，并进一步探究其遗传变异的规律，也可为达川乌梅的改良提供依据。同时，考虑到居群之间存在着某种遗传分化，要避免远亲繁殖的变异和衰退，不同居群的个体要尽可能避免杂交，否则可能会影响种质下一代的适应性。此外，还应该充分利用当地环境的经济效益和生态价值，加强对达川地区开展乌梅树的良种筛选和繁育，充分利用优异种质开展人工种植并扩大其分布范围，既可保护达川当地特色的乌梅种质，又可推动乌梅山所在区域的乡村生态文明建设。

利用 ISSR 分子标记技术，从 DNA 分子水平上对来自达川乌梅种质遗传多样性进行研究，筛选出的 9 个引物扩增出 59 条条带，多态性条带有 58 条，多态性比率为 98.30%。在筛选出的所有引物中，引物 UBC842 扩增的多态性位点数排名第一，为 12 个，引物 N28 扩增的多态性位点数排名第二，引物 N23 排名最后。除了引物 N23 的多态性位点百分率为 75%，其余 8 个引物的多态性位点百分率均为 100%，说明达川乌梅各品种间具有丰富的遗传多样性，根据遗传聚类分析可得出，类间距离为 0.61 时为 5 个大类，根据聚类结果，推测在多年以前乌梅帝与乌梅后可能来源于同一个母本，B3（WMH-b）、A31（DV27）、B6（WMH-e）可能与广东青梅之间有相互授粉，第三类乌梅的整体类黄酮含量也较高，有较高的食用和药用价值。

参 考 文 献

高志红，侍婷，倪照君，等，2019. 梅种质资源与分子生物学研究进展 [J]. 南京农业大学学报，42（6）：975-985.

芶剑英，叶三合，1986. 大邑梅的种质资源和生态特性初报 [J]. 四川农业大学学报（2）：213-218.

蒋维，舒晓燕，王玉霞，等，2023. 四川主产区不同品种青梅果实品质分析 [J]. 食品工业科技，44（16）：321-330.

刘兴艳，蒲彪，刘云，等，2007. 大邑果梅基础营养成分含量的测定和研究 [J]. 食品研究与开发，28（6）：146-148.

侍婷，张其林，高志红，等，2011. 2 个果梅品种雌蕊分化进程及相关生化指标分析 [J]. 植物资源与环境学报，20（4）：35-41.

张俊卫，2010. 基于 ISSR、SRAP 和 SSR 标记的梅种质资源遗传多样性研究 [D]. 武汉：华中农业大学.

张旭东, 苟剑英, 张红非, 1999. 四川果梅种质资源研究 [J]. 四川林业科技, 20 (2): 57-63.

Hao R J, Zhang Q, Yang W R, et al., 2014. Emitted and endogenous floral scent compounds of Prunus mume and hybrids [J]. Biochemical Systematics and Ecology, 54: 23-30.

Sasaki R, Yamane H, Ooka T, et al., 2011. Functional and expressional analyses of PmDAM genes associated with endodormancy in Japanese apricot [J]. Plant Physiology, 157 (1): 485-497.

Shi T, Zhuang W B, Zhang Z, et al., 2012. Comparative proteomic analysis of pistil abortion in Japanese apricot (*Prunus mume* Sieb. et Zucc) [J]. Journal of Plant Physiology, 169 (13): 1301-1310.

Song J, Gao Z H, Huo X M, et al., 2015. Genome-wide identification of the auxin response factor (ARF) gene family and expression analysis of its role associated with pistil development in Japanese apricot (*Prunus mume* Sieb. et Zucc.) [J]. Acta Physiologiae Plantarum, 37 (8): 1-13.

Sun H L, Shi T, Song J, et al., 2016. Pistil abortion in Japanese apricot (*Prunus mume* Sieb. et Zucc.): isolation and functional analysis of *PmCCoAOMT* gene [J]. Acta Physiologiae Plantarum, 38 (5): 114.

Xue S, Shi T, Luo W J, et al., 2019. Comparative analysis of the complete chloroplast genome among *Prunus mume*, *P. armeniaca* and *P. salicina* [J]. Horticulture Research (6): 89.

Zhang Q X, Sun L D, 2012. The genome of *Prunus mume* [J]. Nature Communications (3): 1318.

Zhang Q X, Zhang H, Sun L D, et al., 2018. The genetic architecture of floral traits in the woody plant *Prunus mume* [J]. Nature Communications (9): 1702.

第三章 四川果梅栽培管理技术

第一节 建园和育苗

一、建园

（一）园地选择

目前，四川省果梅生产主要集中在平武、大邑、达川、马边等县（区）。在果梅栽培过程中，园地应选择在水资源、土地资源以及气候资源良好，交通物流便利，污染物限量能控制在允许范围内，并具有可持续生产能力的林业生产区域。结合果梅树开花早、喜光的特性及对环境条件的要求，园地应选择背风向阳、土层深厚、疏松肥沃、排水性好、pH 5.5～7.5 的低山缓坡或山冈坡地，丘陵山地宜选光照充足的中下坡，距离污染源 2km 以上。忌选择土壤瘠薄、干旱或低洼积水之地。

（二）气候条件

1. 温度 果梅喜欢温暖的气候条件，特别是在开花期和幼果期对温度变化极为敏感。从四川省果梅栽培区域气温来看，年平均气温在 12～23℃ 的地区均为可行经济栽培区。花期的温度对于果梅的发育至关重要，虽然梅树在 0℃ 以下也能开花，花器耐寒性较当地其他亚热带果树强，但 -5℃ 以下低温时，花器就会受冻害，幼果期遇 -4℃ 时就会严重冻伤导致减产。花期低温还会影响昆虫传播花粉、花粉发芽和受精结实。据达州市达川、平武、大邑等栽培区域调查统计，日最高气温在 7℃ 时，只有不到 20% 的蜜蜂开始活动，日最高气温在 10℃ 左右才有 50% 的蜜蜂活动，日最高气温达 15℃ 时 100% 的蜜蜂外出访花且最活跃。

张彦书（1990）研究发现，在 10～15℃ 的条件下，果梅花粉发芽率最高，花粉管最长，日最高气温达 15℃、晴天、和风条件下，对果梅授粉结实最为有利。此外，果梅在自然休眠期结束后，还需一段时间在低温条件下的被迫休眠期进行性器官的发育，若遇暖冬天气，就会缩短或消失被迫休眠期，提早开花，导致雌性器官发育不良或败育，同时开花期提早，易受早春低温危害。因此暖冬或倒春寒的年份，均会影响当年产量。因此，花期的温度过高或者过低都会导致果梅发育异常，从而影响果梅的产量。

综上所述，四川果梅的种植应选择年平均气温 16 ~ 23℃，1—2 月平均气温 5 ~ 8℃，4—6 月平均气温 19 ~ 21℃，极端最低温度不低于 −5℃ 的区域为宜。

2. 水分 果梅整个生育期对水分的要求不高，但是花果期对水分要求敏感，洪涝或者干旱均能影响其正常生长发育。若在盛花期遭遇多雨天气，花药不能开裂，柱头分泌液随水流失，同时妨碍访花昆虫的活动和传粉，进而影响果梅授粉受精效果，降低果梅的结实率。梅雨季节雨水过多，会导致果梅枝叶徒长和病害发生，暴雨天气造成的洪涝也会使得梅园中梅树根系不能正常呼吸。若遇持续干旱或高温也会造成梅树提早落叶和生长发育迟缓。适度的降水有利于果梅生长和结果，一般年降水量在 800 ~ 2 000mm 的地区均能良好生长和开花结实。但是不同品种对水量要求和适应性也不同，因此各地应因地制宜选择适宜当地气候条件的果梅品种。

（三）土壤条件

果梅对土壤要求不高。栽植园地一般要从地势与坡向、土壤的理化性质两个方面来选择。

1. 地势与坡向 海拔、地势、坡向等差异，会形成不同的局部小气候。因此在选择果梅建园地点时，需考虑选择地势坡度 25°以下，低山缓坡、山冈坡地或丘陵山地的中下缓坡；坡向朝南或东南为宜。这样的地点一般阳光充足，冷空气不易积聚，晚冬早春无大风害，有利于果梅的正常生长发育。

2. 土壤理化性质 山地、平地、冲积地的砾质壤土、砾质黏土、沙壤土及壤土均可种植。果梅具有发达的主根和强人的侧根系，地温在 4 ~ 5℃ 时新根开始生长，且随着地温的上升，根系加快生长。每年春末夏初新根生长最快，侧根大量长出。一般应选择土层深厚，土壤有机质含量 1% 以上，地下水位低、排水性能好的壤土、沙壤土为好。果梅对土壤酸碱度要求不严，但以 pH 为 6 左右最好，当 pH 小于 4.5 或大于 7.5 时，则果树生长不良，甚至死亡。

二、育苗

选用良种、培育壮苗是果梅优质高产的物质基础。果梅有种子繁殖、扦插繁殖、嫁接繁殖和压条繁殖等 4 种种苗繁育方式（彩图 3 - 1），其中嫁接繁殖是最有效、最快捷、应用最多、最易推广应用的种苗选育方法，而种子繁殖操作简便，也被一些种植者采用。彩图 3 - 2 为达川区乌梅良种繁育中心。

（一）种子育苗

利用果梅种子直接育苗，操作简单易行。但此种方法育出的果梅结果普遍晚 2~3 年，还容易发生优良性状的退化和变异，难以保证后代群体品种的稳定性。

1. 采种及种子处理　从适应当地生态条件的丰产、稳产、品质优良的果梅品种资源中，选择生长旺盛、叶色浓绿、落叶正常、无严重病虫害的母树植株，在果实充分成熟时，选择大且果形端正、着生于树冠中上部的果实采收作为种果。采收后堆积沤烂 10d 左右取出置于流水中揉搓，漂净果肉，晾干果核，贮藏备用。播种前半个月取出置入赤霉素 500 倍液中浸泡 24h，然后捞出、冲洗，晾干后下种。

2. 播种　宜冬播或翌年早春 2 月播种。用种量为每 667m^2 50kg。在整好的苗床上，按行距 20~25cm 横向开沟，沟深 7~9cm，每隔 5cm 点播一粒种子，播后覆盖拌有少量尿素的沙质细肥土或土杂肥，再盖土与箱面平齐，保持床土湿润，4 月中下旬即可出苗。出苗后，间隔 7~10d 松土除草 1 次。苗高 30cm 时，每 667m^2 用 250g 尿素兑水 50kg 追肥，每 7~10d 1 次，连续 2~3 次，以促进幼苗生长；农历冬至至大寒期间施 1 次冬肥，以有机肥为主，促进苗木生长粗壮。1 年后当苗高 80~100cm 时，即可出圃定植。

（二）扦插育苗

扦插育苗又称为插条繁殖或扦插繁殖，具有育苗周期短和能保持母株优良性状的优点。根据插穗木质化程度不同，扦插育苗又分为硬枝扦插和嫩枝扦插。硬枝扦插是剪取成熟树木上木质化程度较高且强壮的枝条作插穗的扦插方法；嫩枝扦插是采用半木质化的绿色枝条作为插穗的扦插方法，常用于常绿树木的插穗育苗，嫩枝扦插较硬枝扦插难度更高。

陈红（2011）等以果梅当年生硬枝为插穗研究发现，不同基因型、生根粉浓度、枝条段位对果梅扦插成活率的影响达极显著水平。从不同基因型果梅扦插表现来看，莺宿的枝条扦插成活率为 90%、南高为 74%、黔荔 1 号为 62%、大白梅为 40%，莺宿枝条的扦插成活率最高。从生根粉浓度影响来看，随着生根粉浓度的增加，果梅扦插的成活率逐渐增加，用浓度为 200mg/L 的生根粉浸泡 2h，扦插成活率最高；随着生根粉浓度的进一步增加，果梅枝条的扦插成活率则逐渐降低。处理时间对扦插成活率的影响不大。从果梅剪取的枝条段位扦插表现来看，当年生枝条以枝条中段为插穗的成活率最高，为 74%；基段次之，为 52%；而梢端段最低，为 36%。

1. 硬枝扦插　运用硬枝扦插技术进行插条育苗要注意以下几点。

（1）插穗采集　为提升硬枝扦插植株存活率，要选择幼龄母树上一年生强壮枝条，并在秋季叶落到春季萌芽前，果梅树处于休眠期时采集插穗。

（2）插穗存放　插穗采集完成后，先不要将插穗直接进行硬枝扦插，而是将插穗先行存放处理，即：在存放时选择排水性较好的位置，将插穗小头朝上放置，设置通气孔，然后用湿润壤土覆盖插穗进行埋藏存放，以此避免插穗失水或存放位置积水导致插穗腐烂。

（3）插穗截取　果梅品种及其树木枝条的粗细、长度影响扦插生根。一般情况下，粗短的强壮枝条容易生根，细长的纤弱则较难。插穗截取时将上接口处理为平口，将下接口处理为斜切口，以此提升插穗的成活率。通过达州市达川、平武等地多年扦插育苗表现来看，以截取直径 0.2~2cm、长度 10~25cm 的插穗扦插生根表现最佳。

（4）硬枝扦插土壤条件　土壤水分与空气是否良好影响着插穗生根质量与成活率，尤其是在插穗生根期间需要更多的氧气，若水分较多则会降低土壤空气流动量。因此，在插穗生根期间要调控好土壤水分与空气含量，给插穗生根提供一个适宜生长的生态环境。

2. 嫩枝扦插

嫩枝扦插原理：嫩枝中生长素含量、含氮量和酶活性较高，能够加快愈伤组织的形成。插穗扦插后切口形成愈伤组织，愈伤组织内生成根，故嫩枝扦插成活率比硬枝扦插成活率更高。值得注意的是，插穗下切口处愈伤组织形成时间较长，若不能供给足够的营养物质，也会影响枝条的成活率。

运用嫩枝扦插育苗需要注意以下几点。

（1）插条选取　为保障嫩枝扦插枝条具备较高的成活率，往往选取年龄较小的母树。若插条采取时间较早，则会导致枝条木质化程度不足，提升了嫩枝扦插中枝条腐烂的概率。若插条选取时间较晚，则枝条内生长抑制物质较多，降低了嫩枝扦插中枝条生根概率。

（2）环境温度与光照　不同果梅品种的嫩枝生长对温度、湿度和光照有不同要求，剪取嫩枝做扦穗育苗也同样如此。在插条育苗时，环境温度控制在 20~28℃ 范围内较好；由于嫩枝中含水量较高，更容易出现枝条失水问题，环境湿度应控制在 80%~90% 的范围内较好。与此同时，插穗生根也会受到光照条件的影响，若光照条件较差或光照时间不足，则会降低枝条生根速度，影响嫩枝扦插成活率。

（3）插穗截取　插穗截取时要做好插穗留芽工作，一般留芽数量为 3 或 4 个，同时在枝条的叶芽之下设置剪口。果梅嫩枝扦插时，插穗处理时一般保留 3 个叶片。与此同时，在嫩枝插穗截取工作中要做好嫩枝保湿工作，若嫩枝中含水量较低则可进行浸水处理。

（三）嫁接育苗

嫁接育苗是果梅育苗中常用的育苗方式。嫁接育苗的流程包括砧木采集、砧木处理、贮藏、播种、移苗种植、田间管理、良种选择、接穗采集、嫁接、嫁接苗圃管理、出圃。

1. 砧种的采集及砧木培育　果梅砧种采种应选中、晚熟品种且果个较大的黄熟果实，经 10 d 左右堆积沤烂后取出置流水中搓洗，漂净果肉后将种子用湿润沙藏。种子播前 15 d 用温水浸泡，秋冬或春初按照行株距 20 cm × 10 cm 播种，也可以在成熟果实时采摘后直接按照上述密度播种在苗床上。

果梅树采用的砧木有本砧（梅砧）、毛桃砧、杏砧，待冬季落叶后或翌年早春前，选择高 0.8 ~ 1.0 m、地径大于 0.8 cm 的苗木作为砧木。实践表明以本砧最好，杏砧次之，桃砧较差。该技术适宜在 pH 为 4.5 ~ 7.5 的地区应用。

①本砧。嫁接亲和力强，成活力高，树势强旺，抗逆性强，寿命长，后期产量高，果实品质好，但始果期比桃砧迟 1 ~ 2 年。

②桃砧。成活率高，始果早，但亲和力较弱，抗逆性差，寿命短。特别是土壤黏重、排水不良的园地不宜使用。

③杏砧。四川省内使用很少。

据日本专家研究认为，杏砧次于梅砧，优于桃砧。梅砧根赤褐色，桃砧根淡黄色，容易辨认。

2. 圃地选择及整地作床　苗床宜设在背风向阳、排灌方便、土壤肥沃疏松、pH 为 5.5 ~ 7.0 的地块。在播种前 1 个月土地深翻，土壤消毒，整平耙细，施足基肥，然后开始作床，床宽以 1.20 m 为宜，盖上薄膜，保持土壤的湿润。

3. 接穗选取　供采穗的母株为优良单株，采集树冠外围中上部叶芽饱满、生长健壮的 1 年生木质化直生枝枝条。要求最好选中上段、粗度 0.3 cm 左右穗条，要随采随用和做好穗条保湿、保鲜，以保持接穗的新鲜和活力。

4. 嫁接时期选择　一种是在苗圃地进行嫁接，嫁接成活后待第二年秋冬季出圃栽植；另一种是在已出圃定植好的砧木上进行。全年均可进行，但最佳时期是在砧木芽萌动、膨大且尚未萌发期，即当年 12 月至翌年 3 月。一般在小寒到大寒间进行嫁接，选阴天为宜，切忌雨天操作。

5. 嫁接方法（图 3 - 1）　将接穗的长削面朝里，插入砧木的切口内。如果砧木与接穗粗度不一致，则对齐一侧形成层，如果砧木与接穗粗度一致，两侧形成层对齐，接后用塑料条绑紧，露白 0.2 ~ 0.3 cm。有条件的地方可以在嫁接后的苗上盖上遮阴袋，使接口在黑暗条件下，这样接口处愈合组织生长多且嫩、颜色白则愈合效果好。

（1）切接

①削接穗。在接穗下芽的背面 1 cm 处斜削一刀，削去 1/3 的木质部，削面长 2 ~ 2.5 cm，再在背面斜削一小斜面，长 0.8 ~ 1 cm，呈马蹄形。

②切砧木。在离地面 10 cm 左右处剪断砧木，选砧木光滑的一面，在皮层

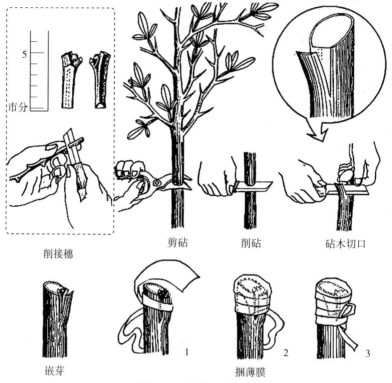

削接穗　　剪砧　　削砧　　砧木切口

嵌芽　　　　捆薄膜　1　2　3

图3-1　嫁接示意图

内稍带木质部垂直向下切一刀，长2cm。

③插接穗。把削好的接穗插入砧木切口中，两边形成层对准、靠紧。接穗长削面上端稍露出0.3cm左右，有利接口愈合。

④绑缚。用薄膜条将砧木横断面和接穗上端横断面都包严密，绑扎。嫁接后苗上盖上遮阴袋，使接口处在黑暗条件下。

（2）腹接　此法是不剪砧冠的枝接法。凡一年生苗茎粗达0.7cm以上均可接，接不活者翌春可补接，成活率达95%以上，以秋接为主。

①削接穗。接穗两刀削成，接穗的长削面约1.5cm，短削面0.5～0.6cm，以便插入砧木切口后两面都能愈合，接穗上留有2个芽，顶芽最好留在内侧。

②切砧木。选择离地面5～7cm树皮光滑面，用切接刀切一长度约1.5cm且深入木质部的切口。

③插接穗。将削好的接穗按长削面朝里插入切口，接穗的内外侧形成层都对准。

④绑缚。用薄膜条或地膜条包扎，松紧适度。接后过半个月检查是否成活，对不成活的可立即进行补接或翌春补接。

6. 嫁接后的管理　果梅出苗后，勤松土除草，禁止使用除草剂。幼苗期可适当追施稀薄氮肥水 2～3 次；当苗高达 30cm 时，可施加腐熟厩肥，也可用尿素按 5∶1 比例兑水进行根外追肥，尿素用量每公顷 3.75kg。每隔 8d 施 1 次，连续施肥 2～3 次，有利于促进幼苗生长健壮。11 月下旬时再施 1 次腐熟厩肥，促使苗木生长粗壮。次年 2—3 月，苗高达 80～100cm 时，即可出圃定植。

7. 除萌　从嫁接后一个月左右开始检查成活情况，剪除砧木发出的萌蘖和死亡单株。

8. 抹砧芽　将砧木上萌芽及时抹去，以集中养分供给接苗的生长。

9. 立支柱　不论枝接苗或芽接苗，等苗长到 25～30cm 时，均要立支柱并将新梢捆绑在支柱上，以防风吹折断和促进直立生长。待第一次芽梢老熟后就可解掉嫁接口的塑料薄膜，过早愈合不牢，过晚影响生长。具体做法：用利刀尖从上往下划一刀，薄膜就可解除。

10. 肥水管理　当苗高 15cm 左右时进行肥料施用。应先期以氮肥为主，促进苗木生长，后期以磷、钾肥为主，以增加营养积累，使苗木粗壮。也可结合病虫害防治进行根外追肥。在四川果梅种植区域，6 月苗木成活后，每隔 15～20d 施 1 次肥，每次每亩 667m^2 施 12～13kg。同时要注意雨季开沟排水，7—8 月旱季时注意浇水或灌水抗旱。

另外，嫁接苗当年能发出二次梢或多次梢，应利用副梢进行苗圃内整形，培育出优质成型的大苗。

（四）压条繁殖

果梅的繁殖量不大时可使用压条法。早春 2—3 月选生长苗壮的 1～3 年生长枝，在母树旁挖条沟，在枝条弯曲处下方将枝条刻伤或环剥（宽 0.5～1cm，深达木质部），压入沟中，然后覆土，待生根后逐渐剪离母树。亦可用高压法繁殖大苗，在梅雨季节，从母树上选取适当枝条刻伤或环剥，然后用塑料袋包混合土，两头绑紧，保持湿度，过一个月后检查是否生根，生根后可从切口下剪离移栽培养。

三、栽植

（一）栽植时期、方式和密度

1. 栽植时期　果梅栽种时期从正常落叶后至萌芽前（11 月至翌年 2 月下旬）均可进行，分为春植和秋植，以秋末冬初（10 月下旬至 12 月上旬）栽植为佳，最好在 12 月内栽种完成。因果梅的根系开始萌动早，栽植时期也宜早不宜迟，早栽早发根。同时，果梅栽植时应选择阴天或晴天、土壤较干燥时进行，有利于根系生长。

苗木要求当年生嫁接苗为宜，苗高 100cm 以上，茎干直径 0.8cm 以上，苗木健壮，无机械损伤，无病虫害。

2. 栽植方式　果梅栽植方式选择与立地条件、光能利用、土壤管理及其他栽培措施有密切关系。但应以充分利用土地和便于田间管理操作为前提，灵活选用。常用有正方形栽植、三角形栽植（亦称梅花形栽植）、长方形栽植和等高栽植等四种栽植方式，一般以长方形栽植较为普遍。

3. 栽植规格　合理密植，不仅可以提高单位面积产量，还有利于幼龄梅园早期丰产。目前，四川省内各地都提倡选用适当密植早投产的栽培方法。但对生长偏旺、树冠较大的幼龄梅树，不宜过密栽植。

确定具体栽植密度应根据气候条件、地形坡度、土壤质地、品种特性、整形方法、栽植方式及管理水平等因素进行全面考虑。一般土壤瘠薄、坡度大的山地株行距可以 3m×4m 或 3.5m×4m，每 667m² 栽植 55 株或 47 株；土层较厚、肥力中等的丘陵缓坡地株行距可以 4m×4m 或 4m×5m，每 667m² 栽植 41 株或 33 株；而土壤深厚肥沃的平地株行距宜 5m×5m 或 5m×6m，每 667m² 栽植 27 株或 22 株。粗放型定植采用 3m×3m 或 3m×4m 规格（每 667m² 栽植 55～74 株），适合普通农户在房前屋后、田边地角及荒山荒坡等地栽植；矮化密植采用 2m×3m（每 667m² 栽植 110 株），适合种植大户及有劳动力的家庭进行精细化定植。

（二）苗木起运

选择一年生嫁接苗地径 0.6～0.8cm、苗高 60～70cm 或一年生实生苗地径 0.3～0.5cm、苗高 60～70cm 的生长健壮、主干正直、茎干组织充实、根系发达、无病虫害和没有明显机械伤的植株，在 11 月落叶后至翌年 2 月吐芽前出圃定植，也可在 5 月上旬春梢老熟后出圃定植。起苗前 2d 将苗地灌透水，逐行顺次深掘挖起，轻敲去掉泥土，避免伤根。

将机械损伤苗和弱苗剔除，按出圃规格分级。每 20 株扎成一小扎，根系均匀蘸上黄泥浆。每 5 扎捆成一把，每把用塑料袋包装，苗顶部露于包外。每把系上标签，标明品种、砧木、级别、数量、出圃日期和出圃者，并申请好植物检疫证明。车船装运时，果梅苗分层平放，最多只能连续叠至 5～8 层，注意防止压伤和局部发热。运输过程中要防晒、防雨、防风，保持运输车厢内的透气、散热，具体条件的可以放置温湿度计进行实时监测。到达目的地后即卸于荫凉处，并尽快种植。做到四快：快装、快运、快卸、快种。

（三）栽植方法

"三埋两踩一提苗"是林业部门提倡的一种科学的树木栽植方法。这种栽植方法包括三次埋土、两次踩实以及一次将苗木向上提起的过程。具体要点如下：开挖树坑时将表层活土（耕作层土）放成一堆，将心土（深层土）另外放成一堆，不要将表土和心土混放，为以后的栽植作好填土准备。果梅种植可以采用该种方法。

1. 挖定植穴　按设计要求和测好的定植点挖穴。根据地势、土壤肥力等条件，确定栽植株行距和栽植点，定植穴可开挖成圆穴或方穴，规格为60cm×（60～100）cm×（40～50）cm，挖出的底土与表土分开。若在山地土层薄硬的地方确定栽植点，应挖深1m、宽1.5m的定植穴。为了防止穴底积水，对于土质黏重、排水不良的丘陵缓坡地或平地，应挖壕沟栽植。

2. 苗木准备　苗木最好随起随栽，及时修剪好劈折的根系，以利于重新愈合。

3. 施肥填土　定植穴挖好后，宜隔1～2个月后施基肥填土，以利穴壁风化；也可立即施基肥填土，待沉实后栽植。填穴时，先把草皮、树根、残叶、青草等填于穴底（如果土质黏重，先应在定植壕底填上一层石块、瓦砾等，再填上草皮、残叶），再填一层较肥沃表土（熟土），至离地面30cm处，施入有机肥30～40kg，与土混合施入，约与地面相平，再覆一层熟土，约高出地面10cm，待用。若为壕沟者，应把基肥施于定植点周围1m之内。

4. 定植浇水　应做成高出地面20～25cm的馒头形土墩，每穴定植1株，将苗木放入定植穴内，回填土之前，使苗木根系舒展，前后左右对正位置；然后，边填土边将苗木向上提动，回填细土踏实，填至根颈部位离嫁接口1～3cm处即可；最后将多余的土地做成畦埂；栽好后立即浇足定根水一次，以后如根际土壤不干、不需灌水。

（四）栽后管理

苗木定植后，栽后管理对于苗木的生长也至关重要，具体的管理方式如下。

1. 立支柱　苗木定植后至新梢生长期，由于根系不发达，很容易被大风吹斜或吹倒，应立支柱固定苗干。

2. 浇定根水　果梅栽植后，应随即浇一次水或稀薄粪水，使根系与土壤紧密接触（贴紧），有利发根成活。

3. 定干　定干高度要根据栽植的密度、品种和立地条件等因素而定，栽植密度大时定干要低，立地条件好时定干要稍高。苗木栽前或栽好后均可定干，要求高度为离地面50～60cm，剪口下10～15cm范围内有6个以上饱满芽（此部位也叫"整形带"）。定干既是果梅树造形的需要，也能减少养分、水分的消耗，有利成活和生长。

4. 抹芽　由于种种原因，导致苗木不能按时萌芽或者仅在基部萌芽的，应及时进行重剪，剪至主干萌芽的部位，以减少蒸发，刺激剪口下的芽萌发抽梢。及早抹除苗干下部的芽，有利于苗木生长。

5. 施肥　刚栽幼树的根系吸收能力弱，应勤施薄肥，少量多次。每年至少施肥2次。第一次在6—7月，施用腐熟人畜粪水；第二次在11月上旬，秋末果梅树梢停止生长，修剪整形和施基肥，基肥应以有机肥为主。盛果期施肥，应根据果梅树势和不同生长发育阶段，适时调控氮、磷、钾和微量元素等肥料的用量。施肥方法见图3-2。

每年在秋末果梅树梢停止生长后，耕翻土壤深12~15cm，及时施足基肥。每株以饼肥5~8kg或牛羊粪25~30kg或复合肥1kg开条状沟施入。

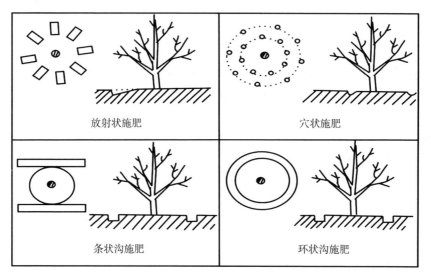

图3-2　施肥方法

6. 中耕除草与复合种植　栽植初期，株行间空隙较大，光热资源丰富，可与豆类、蔬菜、瓜类等当年生农作物复合种植，或复合种植其他1~3年矮生中药材，对复合种植农作物或中药材管理的同时，进行中耕除草。秋、冬季中耕后给果梅苗进行培土，当梅林郁闭后，可不必中耕除草。

7. 防止兽害　严禁在果梅园内放牧，并防止野兽危害。

8. 防旱抗旱　果梅定植后当年根系并不发达，在7—8月高温干旱时期，水分蒸发量大，土温高，幼树极容易旱死或受早落叶影响生长。因此，应在果梅园内（至少在树干周围1m之内）盖草，或种绿肥防旱，严重干旱则要对园地灌水进行抗旱管理。

第二节　果梅树的修剪

一、果梅树修剪基础知识

果梅树的萌发力极强，分枝密，如果放任自然生长，枝条将杂乱无章，通风透光不良，导致结果枝外移，结果量少，品质低下，且树冠内膛的小枝容易枯死。为了使果梅树早产、丰产，必须对其进行整形修剪。通过调查研究和各地生产实践反馈，绝大部分果梅树的短果枝 5～10cm 结果率高，中果枝 10～20cm 结果率较好，超过 20cm 的枝条结果能力较差。因此，果梅树的修剪以培养短、中枝为主。但也有个别品种如桃梅具有以长果枝结果的特性，则应培养长果枝为优良结果枝，修剪则以疏枝为主。果梅树的萌芽力及成枝力均较强，若短截不当更易促发形成长、中枝条。因此，应依品种的萌芽、成枝和结果情况，灵活运用修剪技术，从而达到预期的目的。

整形修剪就是根据果梅树的生长发育特性，结合一定的自然条件、栽植密度和管理措施，进行枝条修剪，修剪成开心形、Y 形和纺锤形等不同的树冠架构，使其单位空间内最大限度地利用光源并促进光合产物的有效积累，达到持续的、合理的承载量。所以果梅树栽植后 3～4 年内，一定要进行合理整形修剪。

整形修剪可调节树体各部分营养物质均衡分配，促进树势均衡生长发育，使幼树既能逐步形成理想树形，又能提早结果，早期丰产；使壮年树延长盛果期，克服大小年，达到稳产高产和优质；使老树更新复壮，延长经济寿命。

总之，整形修剪可因地制宜培养合理的果梅树冠架构，合理调节树体养分有效分布，促进生长与结果、衰老与复壮的转化，是实现果梅树早结果、早丰产和品质优的重要手段。但也必须与土、肥、水调控和病虫害防控等综合管理相结合，才能发挥其应有的作用。

（一）与整形修枝相关的生长结果特性

根据相关研究（褚孟嫄等，1987；李道德，2019；邓建平，2021）以及各地生产实际情况表明，与整形修枝相关的生长结果特性如下。

1. 顶端优势强　果梅树顶端优势强，新梢绝大多数集生于枝条顶部，由于节间短发枝带仅 8～10cm，因此在自然生长情况下，容易形成轮生枝造成"掐脖"现象。

2. 成枝力弱，萌芽率高　果梅大多数情况下成枝力弱，萌芽率高，大部分芽均可萌发。

3. 隐芽寿命长且极易萌发　隐芽是指一年生枝上的叶芽在当年生长季没有萌发的芽。隐芽容易萌发为徒长枝，可用于更新骨干枝，是极重要的枝条。

4. 枝条尖削度小　尖削度是指大枝条基部和顶部，粗度之间相差的程度。粗度的差异大称为尖削度大，反之为小。梅树枝条的尖削度小，在结果负重后易出现弯出下垂的现象。

5. 干性弱　干性是指中央枝向上延伸的特性，这种特性表现明显的为干性强。在自然生长情况下，果梅常易形成有两层的主干疏层形或多主枝圆头形。但也有基部的枝强，顶部的枝弱，表现出基枝优势，顶枝弱性，不易形成有中干的树形。

（二）果梅树的基本修剪手法

果梅树的整形修剪分冬季和夏季修剪。这两个时期修剪各有长处，不可替代，应相互配合使用，才能收到良好的效果。

1. 冬季修剪

（1）短截　短截是指将枝条剪去一段的修剪方法。根据修剪的长度，又分为轻短截、中短截、重短截和极重短截。

①轻短截。多用于生长势较强的树，被短截枝条本身加粗明显。起到缓和生长势和促进花芽形成的作用。

②中短截。中短截多用于幼龄树上培养骨干枝时。被短截枝条本身加粗较快，有加强生长势的作用。

③重短截。重短截多用于生长势较弱的树。有加强生长势的作用。

④极重短截。极重短截用于将生长旺盛的枝条转变为中、弱枝条上。起到局部削弱生长势的作用。

（2）长放　又称为缓放。是指对一年生枝条不剪断的修剪手法。长枝缓放后，有缓和新梢生长势和减弱成枝力的作用。

（3）缩剪　是指对多年生的枝条进行短截。多用于在控制辅养枝、培养结果枝组、多年生枝换头和老树更新时。

（4）疏枝　是指把枝条从基部剪去或锯掉的方法。疏枝能对全树或被疏枝的基枝（着生枝）上部起削弱生长的作用。但削弱的程度，随着疏枝数量的增多、伤口的增大以及离伤口越近，越加明显。

2. 夏季修剪

（1）抹芽　抹芽也称为除萌蘖。在春季将主干、骨干枝上多余的萌芽抹除。萌芽后至新梢木质化前，均为抹芽。抹去的芽的种类包括背上的芽、并生过多的芽、过密的芽、病虫芽等。抹芽可以减少养分消耗，避免树冠内部枝条拥挤，改善树体通风透光条件。

（2）摘心　摘心是指在生长季节把果梅树新梢的顶心摘去。摘心能抑制新梢生长，促使抽生二次梢和促进新枝成熟加粗，有利于形成花芽和提高坐果率。同时还可调节枝条生长，起到均衡枝势的作用。

（3）拉枝　拉枝的具体操作方法是用手握住枝条从基部向梢头逐渐移动并轻微折伤木质部，促使枝条角度开张。拉枝时注意手部力量的轻重，避免折断枝条或重伤枝条皮层。拉枝主要针对直立旺长枝、竞争枝、辅养枝等，对提高枝条来年萌芽率、促进中短枝形成、促进成花有显著作用。

二、幼龄树的修剪

幼龄树的修剪主要是剪截骨干枝和疏除多余枝。在此同时，应适当地留一部分辅养枝，以利于整形和扩大树冠，增加叶量，加速生长及利用辅养枝早结果。对短枝、针刺枝要保留，不能剪除，因这部分枝极易形成花芽，提早结果。对骨干枝的修剪，应根据整形的要求，适当短截。幼龄果梅树生长旺，必须掌握"短截骨架枝，长放部分长枝（促使抽生短枝，培养结果枝），疏除部分多余枝（如竞争枝、背上枝和过密枝），适当短截部分长枝作辅养枝，短枝尽可能少疏或不疏，针刺枝不疏"的原则，进行适度修剪。对辅养枝、长放枝，必须同时进行拉枝、圈枝、别枝等处理，使加大开张角，抑制长势，保证骨干枝的主导地位。否则，由于长放枝、辅养枝顶端的垂直高度高于被短截的骨干枝，导致生长势超过主、侧枝，造成紊乱。

培养丰产树形是果梅幼年树修剪的主要任务，从而促进其早日形成众多的中、短果枝，桃梅品种是以生长适度的长果枝结果为主，因此应着重培养好长果枝。果梅幼树冬季修剪的重点是：

①以中、短枝结果枝结果为主的品种，对35cm左右的长枝，可短截去全长的1/4～1/3，促使其上抽生中、短枝作为结果枝，但不要做强短截（即剪去的部分不要太长），以免促发徒长的枝条，削弱树势。

②对生长正常又不互相重叠的枝条，则不要轻易疏除，以免削弱树势。

③中、短枝的顶芽为叶芽，下部多为花芽，故一般不宜短截，以免因剪去叶芽，不能继续发新梢而使该枝条枯死。

此外，还可以在夏季扭枝、环割、摘心或疏除徒长枝，以平衡生势，保持自然开心形的树形（图3－3、图3－4）。

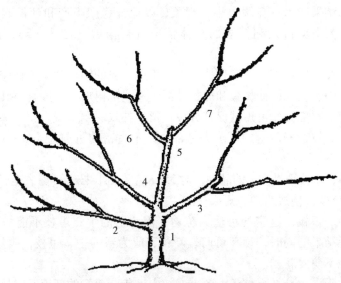

图3－3　疏散分层延迟开心形示意图
1. 主干　2～4. 第一层主枝　5. 中央领导干　6～7. 第二层主枝

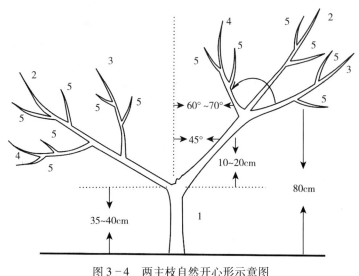

图 3-4 两主枝自然开心形示意图

1. 主干 2. 主枝 3. 第一副主枝 4. 第二副主枝 5. 侧枝

三、成年树的修剪

果梅结果树修剪的主要任务，是维持树势不衰，关键在于协调生长与结果的关系，改善光照条件，保持相对平衡，培养大量中、短枝成为优良的结果枝，争取稳产丰产，及时更新枝群，延长盛果期和经济寿命。维持树冠结构和结果枝组的结果能力，克服大小年现象，以保证稳产丰产和延长盛果期的年限。因此，要根据枝条和树冠的具体情况进行修剪（图 3-5），修剪要点如下：

①对枯枝、病虫害枝、密生枝、下层不见阳光的阴枝和交叉枝应剪除。

②树冠中、上部的徒长枝和徒长枝群，易扰乱树形，一般宜将其疏去。但若长在树冠空缺部分，可短截促其分枝，留作补缺。

③对营养枝，若过密的可疏去一部分，不过密的可剪短 1/3～1/2，以促进分枝。

④以中、短枝结果为主的品种，对 35cm 左右的长枝，可剪去全长的 1/4～1/3，促进分枝，使成为中、短果枝。

⑤对中、短枝，过密的可适当疏剪，但留下的中、短枝不能短截，因为中、短枝在结果的同时，顶芽可萌发新梢，成为新的中、短枝，明年再结果。若短截，则不萌发新梢。

⑥对主干、主枝及大枝条上冬末春初由潜伏芽萌发的新芽及时抹除。但若树冠的该部位有空隙，也可留作补空缺。

⑦对衰老侧枝可进行强短截，以促进萌发新梢，更新枝或利用附近自然萌发的新梢代替之。

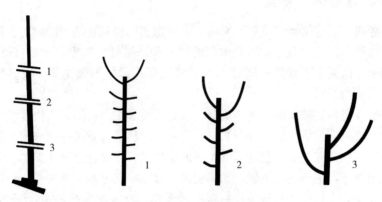

图3-5　不同程度短截及其反应
1. 轻短截　2. 中短截　3. 重短截

成年树主要是盛果期的修剪。盛果期因树势强弱、密植程度、树龄的不同，修剪也有不同。一般情况下，果梅树进入盛果期后，要适当加重修剪量，疏除密生枝、上下重叠枝、交叉枝、病虫枝、枯死枝、细弱枝，控制枝的逐步回缩，对背上强枝要严格控制，防止"树上长树"，以利通风透光。但是，果梅树一般枝量较少，若不是过密的枝条，不宜疏除，应采用回缩短截的方法，促进发生新梢，增加枝数，即使背上枝，如果空间位置好，也不一定都剪掉，可以通过去强留弱的剪梢、扭枝、拉枝、别枝、圈枝等手段控制生长势，也能形成结果枝组加以利用，且有利保护枝干和立体结果。对于树冠外围的延长枝，要根据生长势强弱，分别对待。如果树冠已封行，为防止表面结果，外围延长枝应适当回缩或换头，控制树冠继续向外扩展；如果树体表现外强内弱，通风透光不良，应适当疏除一些外围较粗的枝，或去大枝"开天窗"对延长枝换头，去强留弱，改善光照条件，同时因去大枝、粗枝造成伤口抑前促后，促进内膛生长加强；如果相反，树冠内强外弱时，可对外围枝多行短截，刺激外围枝加强生长；如果树势生长很弱，抽生新梢很短时，要在强枝、饱满芽上适当回缩更新和多短截延长枝，并疏除衰弱枝和枯死枝等，使养分集中，促进翌年新梢生长。总之，此时期修剪应按"强枝少去，弱枝多去"的原则，灵活掌握。经过这样修剪后，顶端能够发生健壮新梢，下部能够形成较多的果枝，花芽分化良好。如果修剪过重，上部发生强枝多，下部不易形成果枝，影响产量；若修剪过轻，虽然下部能够形成较多的果枝，但是顶端新梢较弱，使营养生长与结果之间关系失调，树势易衰弱。因此盛果期修剪要慎重、修剪不当，会造成产量下降或树势衰退。恰当的修剪既充分利用空间，又不影响树势，达到延长盛果期的目的。

四、衰老树的修剪

对老树、衰退树要着重更新修剪。因果梅树的果枝在结果的同时，能抽生短枝继续结果，经过数年，随着树冠的扩大和结果负担加重，枝梢自然下垂，进而衰老，由其上再抽生的弱枝不易形成花芽；即使形成花芽，也多为退化花，结果能力减弱。

对于衰老树的修剪的任务是更新复壮骨干枝和结果枝组，以恢复树势。最有效的方法是在发春梢前对部分大侧枝分年度轮换进行重度回缩修剪，促其萌发长势强旺的营养枝，再促进其发生新的结果枝，增强花芽分化能力。

衰老树还可进行主枝更新。如果主枝基部或中部已抽生徒长枝，可以在粗壮的徒长枝着生处之外将该主枝短截；或者在主枝或副主枝的中、下部短截，以刺激潜伏芽萌发，抽生徒长枝或生长健壮的枝条，重新形成树冠。在衰老树内膛发生的徒长枝，应该合理保留，适当短截，促其抽生结果枝，以防内膛内虚。

五、放任树的修剪

目前，四川省境内果梅树栽培中，部分种植主体因种植经济效益差、劳动力短缺、地势偏远等情况影响，无法或者来不及整形修剪，导致果梅树放任生长。这些树骨干枝轮生、重叠、交叉生长甚至丛生，主从不明，树冠郁闭，内膛光照不良，小枝枯死，光秃空虚，结果部位外移，叶幕层薄，花而不实，产量低，品质差。欲提高产量和品质，在加强肥水管理的基础上，进行修剪改造很有必要。

首先，要明确骨干枝和结果枝组，疏除紊乱枝条。从果梅树生长实际出发，统筹考虑，明确骨干枝和结果枝组，然后根据轻重缓急，有计划地分年份次疏去过密枝、交叉枝、重叠枝。改善通风透光条件，增强叶功能，增加同化养分积累，恢复树势。

其次，要均衡树冠内外、上下部的生长势。放任树多数是上强下弱，外强内弱。对这种树应对上部、外围采取去强留弱、抑前促后等手法进行调整。对内膛应剪除枯死枝、病虫枝、细弱枝，对某些弱枝和结果枝组，进行适当的回缩、短截等处理，促其复壮生长；还可在适当的空间位置上培养骨干枝或结果枝组，这样经过 1~2 年后，树势得到更新复壮，内外、上下树势均衡，叶幕层加厚，叶功能增强，提高花芽分化质量，为丰产稳产打下基础。

最后，对放任树改造修剪必须坚持因树修剪、因枝整形，决不能生搬硬套，按常规要求整枝造形；疏除大枝不可过重过快，过重过快不仅影响当年产量，而且因去大枝多，伤口大，刺激隐芽大量萌发，抽生徒长枝，给树冠造成新的紊乱。改造放任树冠，应有计划，因势利导，分清缓急轻重，逐步进行。

六、密度调节

对于密度过大的果梅园，伐除长势弱、产量低、病虫多的劣质树，每 $667m^2$ 保留 55 株左右。密度过小的果梅园，移栽树体大致相当的生长势弱的果梅树。

第三节 生长与结果调控技术

一、生长调控

合理使用肥料与植物生长调节剂可以调节果梅的生长。魏亚娟（2019）等探讨了植物生长调节剂对榆叶梅品种的生长及叶绿素荧光参数的调控效应，以一年生榆叶梅幼苗为试验材料，采用盆栽试验，蘸根施用多效唑（PP333）、生根粉（GGR6）2 种药剂，质量浓度均设 50mg/L、100mg/L、150mg/L、200mg/L 共 4 个梯度，以清水处理为对照（CK），测定不同处理榆叶梅生长指标（株高、冠幅、基径）和生理生化指标（叶绿素 a、叶绿素 b、叶绿素总含量）、电子传递效率（ETR）、实际光化学量子效率（ΦPSⅡ）、光化学猝灭（qP）、非光化学猝灭（qN）、最大光化学效率（Fv/Fm），研究 2 种药剂对盆栽榆叶梅生长发育的影响，对所测的指标进行相关性分析，并利用隶属函数对不同处理榆叶梅测定指标进行综合评价。结果表明 PP333 抑制了榆叶梅幼苗株高的生长，当其质量浓度为 150mg/L 时，对榆叶梅幼苗株高的抑制程度最大；GGR6 促进了榆叶梅幼苗株高的生长，当其质量浓度为 100mg/L 时，对榆叶梅幼苗株高的促进程度较大。PP333 和 GGR6 均能明显促进榆叶梅幼苗基径增粗及冠幅的增加。随着 PP333 和 GGR6 质量浓度的增加，榆叶梅幼苗的叶绿素含量及叶绿素荧光参数 ETR、ΦPSⅡ、qR、Fv/Fm 均呈现先增大后减小的趋势，且 PP333 和 GGR6 质量浓度分别在 150mg/L 和 100mg/L 时达到峰值，均与对照（CK）有显著差异（$p < 0.05$）；qN 呈现先减小后增大的趋势。相关分析表明，叶绿素 a、叶绿素 b、叶绿素 a + b 与叶绿素荧光参数 ETR、ΦPSⅡ、qR、Fv/Fm 呈现极显著正相关关系（$p < 0.01$），与 qN 呈现极显著负相关关系（$p < 0.01$）。各处理隶属函数平均值大小顺序为 G100 > P150 > P200 > P100 > G50 > G200 > G150 > P50 > CK。得到榆叶梅最佳促进剂为 GGR6，且当其质量浓度为 100mg/L 时，对榆叶梅幼苗生长发育的综合促进作用最佳的结论。

孙俊等（2003）以田间 7 年生细叶果梅/毛桃为试材，研究了 7 月初叶面喷施$^{15}N-(NH_4)_2SO_4$后，果梅吸收与运转^{15}N的特性，结果表明：夏季叶面叶施氮肥可促进花芽分化和翌年春季新生器官的建造，尤其是对新梢生长有显著的促进作用，但对多年生果梅器官的加粗和根系的生长发育似乎无直接作用。孙其宝等（2004）以盆栽三年生的细叶果梅/毛桃为试材，测定了不同物候期果梅各器官内氮、磷、钾的含量，结果表明：果梅花芽的起始分化条件是高浓度的钾、磷、低浓度的氮；花芽的进一步分化，不仅需要高浓度的钾，还需要高浓度的磷和氮。各物候期中，果梅对元素的吸收量均为钾＞氮＞磷；果梅吸收氮、磷的适宜时期为秋季与春季；吸收钾的高峰期为新梢旺长期至花芽分化期；果梅体内氮、磷、钾随生长中心的转移而转移，秋季衰老叶片等器官脱落时，其氮、磷、钾营养可回撤到树体并就近贮藏。孙俊等（2014）对三年生盆栽细叶果梅/毛桃的研究结果表明，果梅在春季施用氮肥，不仅能促使新生器官的发育，而且对花芽的分化、叶片光合功能的维持及多年生器官的加粗生长均有促进作用。

二、花果调控

（一）保花保果

1. 花果的发育特性

（1）花的特性　花芽于6月中旬至7月中旬开始形态分化，10月完成。但雌性器官尚待形成，如果此时期贮藏养分不足，或遇暖冬天气提早开花等，都会导致雌蕊败育或发育不健全，形成不完全花，果梅树易形成不完全花是其花而不实的重要原因之一。在同样生态条件下，品种不同，完全花比例差异较大，因此，选用完全花比例高、花粉质量好的品种是丰产栽培的基础。

（2）自花授粉结实率低　张彦书（1992）研究表明，四川大邑实生梅自花结实率能达60%左右，但不同品种间异花授粉结实率更高。

（3）花期早　果梅开花比其他落叶果树早，易受低温冻害，或因无昆虫传粉，而着果率较低。

2. 提高着果率的措施

（1）施保叶促花芽肥　根据树龄、树势、结果量、土壤肥力等因素，6—7月施足采果肥和喷施叶面肥，以恢复树势和增强叶功能，保证花芽分化有充足的养分。

（2）施延迟开花肥　延迟开花有利于避开早春低温危害并有利于访花昆虫传粉，提高结实率。9月中旬至10月中旬喷施叶面肥，可延迟盛花期7～15d。特别对早开花品种、早开花枝条、早开花年份，效果更好。

（3）人工授粉　人工授粉可以明显提高着果率，尤其在授粉树不足或遇到花期连续阴雨天气，效果更是显著，但是较费劳力。

（4）放养蜜蜂　开花期应人工放养蜜蜂促进授粉。果梅为虫媒花，放蜂可明显提高坐果率。但是放蜂果梅园必须配置足够的授粉树，放蜂时间在较温暖的晴天及和风天气，才能收到良好效果。如果未配置授粉树或授粉树不足的果梅园，应采用挂相当数量的水罐插花枝方法来进行补救，要经常变换挂罐位置，才能发挥其最大作用。同时，也可在每株果梅树上高接 2～3 个枝的授粉品种，2 年后就可以达到授粉作用。如果花期遇低温、下雨或大风时，蜜蜂活动受阻，应进行人工授粉。

（5）药剂调剂保果　在盛花期，每隔一周喷施 0.2% 硼砂 +0.3% 磷酸二氢钾 +0.3% 尿素液，连续喷 2～3 次，有利于提高坐果率。若能加入花粉，对提高坐果率效果更好。

花果量少的壮旺树，可人工疏除部分徒长春梢，防止春梢争夺养分以提高着果率。花蕾期及开花期遇到干旱应及时灌水；园地空气过于干燥时，在早晨喷清水润湿柱头；盛花期遇浓雾，在日出前及时喷清水除雾，遇阴雨天气则摇花振落水珠和残花；花期、幼果期遇霜冻可以预先进行覆盖防寒或夜间熏烟防寒。

（二）疏花疏果

疏花疏果是果梅树栽培中的重要技术手段，可以有效减少养分消耗、保证梅树树体健壮、叶果比例适宜和营养平衡，是改善果品品质、防止树体早衰、实现果树稳产增产和保证优质果品的有效措施之一。但具有季节性强、劳动强度大等特点。

1. 疏花　疏花作业可在初花期至落花期内进行。疏花时应注意保留果树两侧的花，剩下全部疏除。疏除中等大小和小树枝大部分花朵，长果枝少疏，徒长性果枝可以不疏。

2. 疏果　疏果大约在 4 月上旬（第二次生理落果刚结束时）进行，此时坐果量已基本确定，留果量按 5～10 片叶留 1 个果，树势强的多留果，树势弱的少留果；树冠内膛、中下部多留果，外围、上部少留果；短果枝可留 1～2 个果，中果枝可留 3～4 个果，长果枝无需疏果。

三、土肥水综合管理

（一）土壤管理

果梅树属浅根系果树，易受土壤表层的养分、温度、水分变化影响，管好表层土对果梅树正常生长发育非常重要。果梅树不耐旱，在秋旱期间，如水分补给不及时或不足，叶片易向上弯曲，甚至会造成落叶。因此，果梅园宜采用行间生草或种绿肥、树盘旱季覆草的管理方法。

四川省主产区的果梅园宜在9—10月深翻改土，应从树冠外围滴水线处开始，逐年向外扩展0.4～0.5m，深0.4～0.6m，回填时增施有机肥，再灌透水。对秋冬土壤潮湿的地区，深翻还能促进梅树正常落叶，及时进入休眠。特别是土层浅薄、贫瘠的果梅园，更应深翻土壤和增施有机肥，以加厚土层、改良土质、提高土壤肥力。

（二）培土护根

果梅树根系分布较浅，易受表土层的地温变化影响。过高的地温不利根系生长。培土护根既能增厚生根土层，防止露根晒伤还能涵养肥、水。具体方法是：秋冬季节在树冠下铺培土杂肥或风化细碎后的塘泥、河泥，厚度为5～6cm，可起到保护根系、增加有机质的作用。

（三）树盘覆盖

果梅园树盘内可中耕或覆盖，树盘外推荐用生草法。清除深根性、恶性杂草，种植藿香蓟（白花臭草）、格拉姆柱花草等用于地面生草覆盖，定期割草覆盖树盘及地面。每年采果后进行一次树盘除草松土5～6cm，生草过密的喷一次除草剂，杂草枯死后留其覆盖地面。树盘覆盖可防止水土冲刷、防旱保墒、调节土温，夏季可降低土温3～6℃，冬季可提高土温2～3℃，对促进新根活动有良好的作用，同时还可减少杂草。覆盖物腐烂后，又可增加土壤有机质，增加土壤肥力。覆盖比中耕除草的效果更好，且节省劳力，是果梅园管理重要的措施。

（四）种植绿肥和合理间作

种植绿肥不仅是广开有机肥源、改良土壤、提高肥力的重要措施，还有利于山地果梅园的水土保持和防旱抗旱。幼龄果梅园和成年果梅园的空隙地可利用来种植绿肥，如一二年生的豆科作物和蔬菜等，既可增加经济收入，又可防止草荒，还能熟化土壤。绿肥一年可种2茬，即春播在4月上中旬春翻、4月中下旬播种，秋播在7—9月夏秋翻地、10月播种。春播绿肥有绿豆、花生、黄豆等。秋播绿肥有紫云英、蚕豆等。绿肥播种时要施基肥，生长期适当追肥；也可复合种植生长期短、植株矮小、经济效益良好的豆科作物、蔬菜、瓜果及中药材等，以增加收入。切忌复合种植高秆、需肥量大的玉米和藤蔓性攀缘作物。

（五）施肥管理

施肥量和时间需要根据果梅年周期的生长发育和营养状况来决定。结果树施肥分为5个阶段。

1. 采后肥 采收以后即施，应在6—9月内施完，以恢复树势，有利于花芽分化，特别是结果多、晚采收的树更重要。此次施肥是连年丰产的关键，应以N、P为主，可结合翻土（深25cm）、压青（主要是背草），兼起保墒抗旱作用。采果后及时补施一次速效肥株施复合肥 0.5kg + 尿素 0.5kg + 氯化钾 0.1kg 兑水淋施。采果肥在采果后一周内施完。6—9 月每月须施 1 次液肥每次每株施复合肥（N：P$_2$O$_5$：K$_2$O = 15：15：15 下同）0.1 ~ 0.2kg。

2. 基肥 秋梢停长后的 8—9 月叶施氮肥，此时叶同化活动旺盛，能很好吸收氮肥。应以迟效性有机肥为主，加入适量磷肥和速效性氮肥。秋施配合深翻，还可消灭杂草；如果延迟到落叶后冬施，根系活动高峰已过，不利于伤根愈合和恢复吸收，进而不利于花芽和枝芽充实。等到春季肥料才能发挥作用，往往造成新梢徒长，故秋施基肥是稳定树势、丰产稳产的关键。

3. 花前肥 可在落叶后到花芽开始膨大期的 12 月施，应施速效性氮肥为主，适量配合磷肥，以满足开花坐果对氮大量需要，这对花多、树势弱的树很重要，而徒长树成切忌施用。花前肥以长效有机肥为主，以株产 50kg 为例，11 月上旬每株施花生枯 1 ~ 1.5kg + 硼砂 50g。花蕾期至开花期适量补施 1 ~ 2 次速效液肥，可每株施复合肥 0.2 ~ 0.4kg 兑水淋施。

4. 花后肥 2 月中下旬第一场春雨后每株撒施石灰粉 1kg。对弱树、老树可在 3 月中、下旬展叶抽梢前施氮肥，以补贮藏营养的不足，壮树、徒长树可不施。以免氮过多，引起枝叶徒长，反引起第三次落果。

5. 果实膨大肥 梅果在未熟前采收，一般可以不施，只是针对结果过多、晚采以及新梢生长弱树。为了促进果实在第二次迅速生长期的加速膨大和促使新梢有某种程度的伸长，以增加叶片数，可在 4 月下旬 5 月上旬，果实开始硬核期时施，同时也可防第二次落果。硬核期即第三次落果期，是果实生理上的重要时期、此时如氮过剩易徒长，促使落果，如氮极缺，使叶发黄；如日照不足或土壤过干过湿，均对果实发育不利，也会造成落果，这次落果在很大程度上是决定当年果实数量的关键期。此期要求氮、磷、钾配合施用。第三次落果后，果实进入第二次迅速膨大期，此时营养多少决定果实大小，因梅果需要钾多，同时养分向果实运输也需要钾，钾对增大果实有显著作用。5 月中下旬正是花芽开始孕育期，需要大量的能量，这是含磷化合物供给的，故要施磷。施氮可增大叶面积，提高光合作用，提高营养水平和促使果实增大，故需氮，但如土中氮过多，易使新梢过旺，养分分配迟迟不能向果实和花等转移，不利结果。为抑制新梢要多施磷、钾肥，掌握施氮量。壮果以磷钾肥为主配合适量速效氮肥每株施复合肥 0.3 ~ 0.5kg + 氯化钾 0.1kg 对水淋施于幼果发育期至采收前一个月分两次施下。缺硼果园每株加施硼砂 50g。

以上各次施肥，主要是施足基肥，在此基础上根据树的生长情况，抓主要时期再施 1 ~ 2 次即可。

幼年树于每次新梢萌动及叶片转绿期各施肥 1 次以氮肥为主配合磷、钾、钙、镁肥；11 月施 1 次长效有机肥。幼年树每株年施尿素 0.2 ~ 0.6kg，复合肥 0.5 ~ 1kg，花生枯 0.5 ~ 1.0kg。

第四节　病虫害防治

果梅种植生产过程中，常见病害有：炭疽病、疮痂病、膏药病、灰霉病、枯梢病等。常见虫害有：蚜虫、介壳虫类、天牛类、刺蛾类、袋蛾类、蓑蛾类、卷叶蛾类、尺蠖、金龟子等。

一、防治原则

果梅病虫害来源广泛、种类繁多、危害程度高、治理难度大，严重时会导致果梅植株大范围死亡，因此应遵循"预防为主、综合治理"的原则，遵循生态学原理，综合运用各种防治措施，创造出不利于病虫杂草等有害生物滋生的环境条件，保护和利用各类天敌，保持果梅园内整体的生态平衡。及时监测预警病虫害的发生和传播，优先采用农业、物理、生物等绿色防控措施，必要时应抓住病害初发期或害虫低龄期采用化学防治，减少农药使用频度和使用量，但必须将农药残留量降低到规定的标准范围内。

（一）农业防治

应该加强对苗木、种子、果实等材料的检疫，避免带有病虫害的生物进入果园，保障果梅园的安全。选用对当地主要病虫抗（耐）性较强的优良品种和砧木，其栽培管理技术推广易于与其他控制措施相配套。合理施肥，增施有机肥和磷钾肥，提高树体抗病虫害的能力。合理密植可以改善果园的通风透光条件，降低病虫害的发生概率，还可以提高果园的产量和品质。应该定期对梅树修剪整形和果园清理，去除或清除弱枝、病枝、虫枝、枯枝、落叶、病果等，保持树体健康，减少病虫害的滋生和繁殖。同时，地面管理实施生草法，保护害虫天敌，减少化学农药的使用。

（二）物理防治

根据害虫的习性采取相应的捕杀、诱杀、外科手术等方法。如最主要的物理隔离，有效设计病虫害阻隔物，如果实套袋、搭建防虫网；利用害虫的趋光性，在蚜虫、刺蛾等成虫羽化（散飞）期园间点灯诱杀；对发生较轻、危害中心明显及假死性的害虫采用人工捕杀，减轻危害。

（三）生物防治

生物防治是一种以天敌或益生菌等生物物种为主要手段来控制病虫害的方法。通过引入或增加自然界已有的天敌来控制害虫的数量，如鸟类、蜜蜂等。利用一些有益微生物如枯草芽孢杆菌、木霉菌等来对付病菌，起到防治病害的作用，促进生态系统健康发展。通过在果园内种植一些有利于天敌生存的植物，吸引和保护天敌，增加天敌对害虫的控制作用。

（四）药剂防治

加强梅园病虫测报，及时掌握病虫害的发生动态。用晶体石硫合剂封园，以减轻枝叶类病害和在土壤中越冬害虫的发生。改进施药技术，提倡低容量喷雾。使用农药要注意选择低毒、高效、低残留量的农药，其选用品种、使用次数、使用和安全间隔期应按《食品安全国家标准食品中农药最大残留限量》（GB 2763—2021），《农药合理使用准则》（GB/T 8321—2000），《农药安全使用规范总则》（NY/T 1276—2007）等标准的要求执行，并按照标签使用说明进行施药，避免滥用和频繁使用，以免产生抗药性和环境污染。禁止使用高毒、高残留农药品种，严格执行农药安全间隔期，严禁在摘果前3周喷施任何药剂。

二、常见病害及其防治措施

（一）炭疽病

炭疽病的病原为梅花炭疽菌，主要危害果实，其次危害枝梢和叶片。被害果实干缩成僵果，影响产量。

1. 发病规律　以菌丝体在病梢组织内或树上僵果中越冬，次年春季在适宜的环境条件下产生大量的分生孢子，借风雨、昆虫传播，侵害新梢、叶片和幼果，造成初次侵染。以后在新发生的病斑上产生病菌，进行再侵染。该病危害时间长，在果梅整个生长季节都可侵染危害。开花与幼果期低温多雨，发病率高；果实近成熟时高温多雨，发病率也较高。管理粗放、枝梢过密、土壤黏、排水不良、树势衰弱的果园发病严重。

2. 危害症状　主要危害果实、枝梢和叶片。果实受害后，果皮出现褐色病斑，气候潮湿时，病斑表面产生肉红色胶质小粒点，天气干燥时，逐渐干缩成僵果，挂在树上不脱落；新梢受害后，形成褐色病斑，稍凹陷，以后干枯；叶片受害后，病斑灰褐色，叶片边缘颜色较深，病组织干枯，严重时，嫩叶两缘向正面卷成筒状。一般在4月下旬开始发生，6—8月为病菌盛发期，发展较为迅速。

3. 防治方法　开沟排水，增加梅园通风透气透光。结合冬季修剪，剪除病枝、僵果集中烧毁。将病菌控制在萌芽期，梅树在休眠期至花芽萌动前，萌芽前，气温在4℃以上时，喷3~5波美度石硫合剂1次，在开花后至果实生长期，喷70%丙森锌500倍液、80%甲基硫菌灵1 000倍液或80%代森锰锌1 000倍液进行喷杀，每隔10~15d喷1次，连续喷2~3次。加强果园管理，增强树势，提高树体的抗病能力。

（二）膏药病

膏药病的病原为茂物隔担耳菌，病菌寄生于树冠郁闭、潮湿的衰弱树枝干上，病部似膏药状，妨碍生长，削弱树势，并导致逐渐衰老枯死。

1. 发病规律　病菌在被害枝干树皮上越冬，翌年春季天气转暖时开始活动，在温度、湿度适宜时形成新的菌体。菌体上产生大量的病菌孢子，靠风雨和昆虫传播。病菌以介壳虫的分泌物为营养，因此，介壳虫发生严重的果园膏药病发生较多。

2. 危害症状　夏季危害较为严重。病菌主要在衰老树的枝干上危害，枝干表面形成圆形或不规则的平贴菌体，似贴膏药状，故称膏药病。膏药病菌层密生时常把枝条和芽包住，导致逐渐衰老枯死。

3. 防治方法　开沟排水，结合管理，适当修剪，使梅园通风透气。及时防治介壳虫，控制病源传播；用刀刮除枝干上菌丝膜，用1波美度（生长期）或5波美度（休眠期）的石硫合剂涂刷病部。

（三）灰霉病

梅树灰霉病的病原为灰葡萄孢，属真菌病害，花、果、叶、茎均可发病。果实染病，青果受害重，残留的柱头或花瓣多先被侵染，后向果实或果柄扩展，致使果皮呈灰白色，并生有厚厚的灰色霉层，呈水腐状，叶片发病从叶尖开始，黄褐色，边有深浅相间的纹状线，病键交界分明。

1. 发病规律　以菌核在土壤或病残体上越冬越夏，温度在20~30℃。病菌耐低温度，7~20℃大量产生孢子。苗期棚内15~23℃，弱光，相对湿度在90%以上或幼苗表面有水膜时易发病。花期最易感病，借气流，灌溉及农事操作从伤口、衰老器官侵入。

2. 危害症状　主要危害花蕊、果实，受害后雄蕊和萼片呈褐色，并在其上长出灰色霉层，幼果受病菌侵染后，易引起落果，降低产量，发病较轻时，病果不易脱落，常留在树上成为僵果。长大果实受害后，初期产生黑色小型病斑，随果实增大，病斑呈浅褐色凹陷，降低品质。

3. 防治方法　加强栽培管理，梅园冬季清园，清除病枝，集中销毁；抓好肥水管理，不偏施氮肥，增施磷、钾肥，合理整枝修剪，保持果园通风透光；在开花和幼果期，树冠喷50%速克灵可湿性粉剂1 000倍液或70%甲基硫菌灵可湿性粉剂1 000~1 500倍液。

（四）溃疡病

梅树溃疡病的病原为仁果癌丛赤壳菌，梅树溃疡病，危害枝干，尤以二年生、三年生枝梢受害最重，严重时可导致全株死亡。

1. 发病规律　随雨水、空气、昆虫传播。侵染期从4—5月开始，从树伤口侵入体内，在20~25℃条件下，30~35d后出现症状。6月以后新增病症增多。

2. 危害症状 初期病部产生乳白色小突起，表面光滑，以后逐渐膨大形成癌瘤，表面变粗糙呈凹凸不平，色泽变为褐色至黑褐色，质地坚硬，近球形，直径一般 1.5~2cm，大的可达 10cm 以上。

3. 防治方法 3—4 月用利刀割除癌瘤，再用 20% 噻菌铜药液涂抹。加强果园管理，增强树势。

（五）疮痂病

疮痂病的病原为嗜果枝孢霉，又名黑星病、黑点病。发生普遍，主要危害果实。该病仅侵染表皮，不深入果肉，但影响果品的外观和品质。

1. 发病规律 病菌以菌丝体在枝梢的病部越冬。翌年春季开始产生分生孢子，借风雨传播，为初侵染来源。病菌产生分生孢子的适宜温度为 20~28℃。因此，春季及初夏多雨湿润的年份病害发生较重。果实一般在谢花后 42d 才被侵染，因有很密的茸毛阻碍病菌接触果面，幼果的侵染率极低。病菌在果实上的潜育期为 25~45d，当年新梢被害后，夏末才显现症状，秋末产生分生孢子。这些病斑是翌年初侵染的主要菌源，一般早熟品种发病轻，中、晚熟品种染病重。果园低洼潮湿，树冠枝梢郁闭，都会加重病害的发生。

2. 危害症状 主要危害果实和枝条，盛发时也危害叶片。受害果实表皮发生黑绿色至暗褐色圆形小斑点，逐渐扩大成 2~3mm 的病斑，主要分布在果蒂周围至果肩部。枝、叶受害严重时，引起早期落叶。

3. 防治方法 加强果园管理，剪除病枝，清除病果、落叶并集中销毁，减少病源；合理修剪，注意树冠通风透光；排除园中积水，清除杂草，降低果园湿度。药剂防治以预防为主。在谢花后 14d 开始喷药，每隔 15d 左右喷施 1 次，连续喷施 2~3 次。用 50% 的多菌灵 700 倍液效果最好，防病效果可达 75% 以上。喷 70% 的甲基硫菌灵 700 倍液也有较好的防治效果。冬季结合修剪清除病枝，同时喷 3 波美度石硫合剂。

（六）褐腐病

褐腐病的病原为梅核盘菌，发生期和危害症状与炭疽病相似，与炭疽病的主要区别是该病的病斑呈水渍状，后期病果发生霉丛。

1. 发病规律 病菌以菌丝体在枝梢病部或僵果内越冬。翌春产生大量的分生孢子，借风雨或昆虫传播，引起初侵染。经伤口、皮孔、气孔等入侵果实和叶片；也可直接从柱头、蜜腺侵入花器，再蔓延到新梢。开花期低温多雨，花、叶易发病腐烂。幼果至成熟期果实均可受害，果实近成熟时天气温暖、多雨、多雾，发病最为严重。树势衰弱、枝叶郁闭、地势低洼的果园易感病。

2. 危害症状 危害叶片、花，导致叶腐和花腐，形成水渍状病斑；危害近成熟的果实，发病初期形成暗褐色、稍凹陷的圆形病斑，后迅速扩大，变软腐烂，病斑上长有黄褐色绒状颗粒，轮生或不规则，被害果多早期脱落，腐烂，少数挂在树上形成僵果。

3. 防治方法 冬季清除病果、病叶，剪除病枝，集中销毁，以清除越冬病源。生长期及时防治食果性害虫，减少伤口侵染和昆虫传播。花苞初放至落花后 1 周内，及时喷施 50% 的退菌特 800 ~ 1 000 倍液，发病时及时喷施 65% 的代森锰锌 500 倍液，或多菌灵 1 000 倍液，或 50% 的硫菌灵 800 倍液。

（七）果梅锈病

果梅锈病危害芽、花、叶及枝梢。病原为刺李疣双孢锈菌。

1. 发病规律 锈病能产生冬孢子，在枝叶上的病瘿中过冬，翌年春季形成冬孢子角，遇雨水吸水膨胀形成舌状胶质块，借风传播，散在杏梅的嫩叶、新梢上，萌发后从表皮细胞或气孔侵入，展叶 20d 最易感染，侵入 6 ~ 10d 后出现病斑，随后产生孢子器。

2. 危害症状 受害后产生橙黄色斑点（即锈孢子器），开裂后散发出橙黄色粉末（即锈孢子）。受害花芽开放较早，花器受害后肥硕畸形。病菌在病枝皮层中越冬，春季侵害幼芽，引起发病，5—6 月发病最盛。

3. 防治措施 剪除病枝，烧毁病原。早春喷施 3 ~ 5 波美度石硫合剂，萌芽展叶后喷施食盐石灰水（食盐：生石灰：水 = 1：6：300），连喷数次，预防该病发生，或在发病期喷 20% 的三唑酮（粉锈宁）2 000 ~ 3 000 倍液。

（八）根癌病

根癌病的病原为根癌农杆菌，又称癌肿病，危害梅、桃、李等多种果树的根颈，有时也危害枝条和主干。

1. 发病规律 病原菌在癌瘤组织皮层内和土壤中越冬。主要借雨水、灌溉水或翻耕土壤进行传播，地下害虫和线虫也有一定的传播作用。远距离传播主要靠带菌苗木。病原菌由伤口侵入，在皮层组织形成癌细胞，癌细胞分裂增殖，形成癌瘤。

2. 危害症状 受害部位发生肿瘤，初为肉色，后为深褐色，木质化成坚硬、龟裂状。病原菌在肿瘤中越冬，通过雨水、灌溉水传播，从伤口侵入。

3. 防治措施 选用无病苗木，或用的硫酸铜液浸 5min 后用 20% 的石灰水浸 1min 进行苗木消毒。不能与患病果树连作。嫁接工具要先用 75% 的酒精消毒。定植后发现病株，刮除病部烧毁，再涂上石硫合剂或波尔多液保护，若使用 K84 生物剂处理幼苗根系防治效果更好。

（九）枯梢病

1. 危害症状 该病属缺肥性生理病害，发病时梅树枝叶变小，枝条丛生，结果少而小。

2. 防治方法 每株梅树施放硼砂、尿素各 50 ~ 100g；叶部施 0.2% 硼

砂 +0.4% 尿素混合液 1~2 次。

三、常见虫害及其防治措施

(一) 顶芽及枝梢害虫

1. 蚜虫类 危害果梅的蚜虫有梅瘤蚜、黍缢管蚜、桃蚜、桃粉蚜、莲缢管蚜等。

(1) 危害特征 主要危害嫩梢及幼叶，造成新叶皱缩卷曲，叶面不舒展，新梢停止生长。树势衰弱，严重时幼叶脱落。

(2) 防治方法 保护天敌，保护和利用瓢虫、食蚜蝇、草蛉、食蚜蜂等天敌。在 3 月越冬卵大部分孵化时，有翅蚜虫大量发生前及 10 月间蚜虫迁回梅树产卵前，悬持黄色粘虫板诱杀成虫，幼蚜发生期，选用吡虫啉、溴氰菊酯、吡蚜酮、啶虫脒等药剂喷雾防治。

2. 介壳虫类 危害果梅的介壳虫主要有球坚介壳虫、桑白蚧 (桑白盾蚧、桑介壳虫)。

(1) 危害特征 球坚蚧的成虫和幼虫主要危害二年生以上的枝条和主干，吸食其汁液，造成树皮皱缩，生长不良，树势衰退，产量下降，重者叶落枝条干枯，乃至全树死亡。桑白蚧的若虫、雌成虫以口器刺入主干、枝条皮层吸食汁液，受害梅树发育不良，枝梢和叶片萎蔫枯死，严重者全树死亡。

(2) 防治方法 整枝修剪，增强梅园通气透光，改善环境；冬季剪除虫枝，集中烧毁；早春萌芽前喷 5 波美度石硫合剂；各代若虫孵化盛期 (5 月上旬，7 月中下旬，9 月下旬) 用噻嗪酮 (扑虱灵) 等药剂喷雾或涂刷；保护瓢虫、扑虱蚜小蜂、黄金蚜小蜂等天敌。

3. 桃小绿叶蝉 桃小绿叶蝉，又名大绿浮尘子、一点叶蝉、浮尘子等。

(1) 危害特征 以成虫、若虫在叶背吸食汁液，使叶片失绿，正面出现黄白色小斑点，严重时呈苍白色。引起提早落叶，削弱树势，影响次年产量。

(2) 防治方法 清除田间的落叶和杂草，消灭越冬成虫。抓住 3 月、5 月中下旬、7 月间 3 个时期进行药剂防治，叶面喷 50% 的马拉松乳剂 1 500 倍液，或喷 80% 的吡虫啉 1 000 倍液，或喷 50% 的叶蝉散 1 500~2 000 倍液，或喷 50% 的三硫磷 1 000 倍液等。

(二) 食叶及食果害虫

1. 刺蛾类 危害果梅的刺蛾有黄刺蛾、褐刺蛾、扁刺蛾、青刺蛾等。

(1) 危害特征 危害梅、桃、梨、李、樱桃等果树。以幼虫取食叶片，严重者将全树叶片食光，影响树势和产量。一年一代，主要危害叶片和嫩梢，幼虫群集叶背取食叶肉，成长的幼虫将叶片吃成缺刻，严重时全树叶片吃光。

(2) 防治方法 结合修剪，敲杀虫茧壳和幼虫；结合深翻，挖除土中虫茧。在卵孵化盛期后 3 ~ 5d，6 月下旬至 7 月初卵孵化盛期后 3 ~ 5d 喷药，2.5% 溴氰菊酯乳油 2 000 倍液等喷雾，同时对周围杂草也应当喷药防治。

2. 卷叶蛾、袋蛾类 蓑蛾又名避债虫、袋皮虫、茧虫等。蓑蛾是一种杂食性害虫，外套有护囊，常见的有大袋蛾、茶蓑蛾。常危害叶片。

（1）危害特征 幼虫于 4—5 月和 7—8 月在新梢顶端吐丝缀成团危害，一年发生两代。

（2）防治方法 人工摘除卷叶、虫袋等。幼虫发生初期，选用 2.5% 溴氰菊酯或 20% 杀灭菊酯 500 ~ 1 000 倍液等喷雾防治；7—8 月幼虫刚做护囊时，或幼虫吐丝下垂时，喷 90% 的美曲膦酯 800 ~ 1 000 倍液，或吡虫啉、二溴磷等效果良好。

3. 金龟子 金龟子又名硬壳虫、金虫等，种类多，有中华喙丽金龟、铜绿丽金龟、东方金龟、小青花金龟等，食性杂，危害多种果树和林木。幼虫称蛴螬，是地下害虫之一。金龟子成虫危害叶片和嫩梢，被害叶片仅留蜘蛛网状的叶脉，也食害花果。

（1）危害特征 该虫有昼伏夜出的习性，一年中有 4—5 月和 8—9 月 2 次危害高峰期。

（2）防治方法 利用成虫假死性，人工振落成虫捕杀；利用成虫趋光性，傍晚点黑光灯诱杀成虫；在表土撒施辛硫磷等触杀剂，杀死土中成虫和幼虫。按每 2 ~ 3.3hm² 亩安装一盏太阳能杀虫灯诱杀的比例，效果较好；观察到有害虫危害迹象时，用与溴氰菊酯等药液全冠喷杀。成虫发生期，叶面喷施 50% 的马拉硫磷 1 000 ~ 2 000 倍液，或美曲膦酯、吡虫啉等药液。夜间活动危害的在近傍晚喷药，白天活动危害的在上午喷药。生物防治，应用白僵虫、绿僵菌或寄生线虫的防治效果较好。

4. 象鼻虫类 象鼻虫又称象虫，有桃象、梨花象等。

（1）危害特征 主要以成虫危害嫩芽、花和叶片，有时也以幼虫危害果实。特别是危害刚定植的幼树，会造成很大的损失。

（2）防治方法 利用成虫的假死性，于早晨振动树枝，及时捕杀振落地面的假死成虫。及时摘除树上虫果和拾取落地虫果。冬季翻耕，消灭土内越冬的成虫和幼虫。在梅树萌芽、越冬成虫出土时，于地面喷 40% 的辛硫磷乳剂 700 倍液，每平方米喷 0.7 ~ 2.5kg 药液，或喷对硫磷 800 倍液，杀死出土成虫。在 4 月初成虫出土危害初期喷 90% 的美曲膦酯 1 000 倍液，或 80% 的吡虫啉 1 000 倍液，或 20% 的速灭杀丁 4 000 倍液，或 40% 的辛硫磷 1 500 倍液。

（三）蛀干害虫

这里主审介绍天牛类蛀干害虫。

天牛种类很多，有星天牛、褐天牛、桑天牛、桃红颈天牛等。天牛以幼虫蛀食根、主干、主枝和新梢等，严重者不仅影响树势，还会使树干折断，直到全树死亡。

（1）危害特征 主要以幼虫蛀食枝干和成虫"环割"枝干较多，严重的可导致植株枯死。

（2）防治方法 将吡虫啉300倍液，用注射器注入虫孔内或用棉球蘸吡虫啉塞入虫孔毒杀，根据虫孔大小决定注药量，然后用调制的药泥封住虫道口，毒杀幼虫；人工捕杀成虫，在成虫出现时捕杀成虫，经常检查，根据树干有否排泄虫粪来判断，捕杀皮层下当年孵化的幼虫。环割口涂药，用塑料薄膜包扎危害的树干部分，以促使受伤部位愈合；在果园挂频振式杀虫灯，诱杀成虫。清除梅园内受害死亡的枯枝。

四、果园生草种植

果园生草是通过在果园行间或全园种植一年生或多年生草本植物进行地表覆盖的一种可持续土壤管理技术模式，已在欧美等发达国家广泛推广应用，我国也在20世纪末将其作为优质绿色果品生产技术措施之一进行了大面积推广。

经过多年实践与发展，我国果园生草形成了多种模式。从草种角度来看，形成了人工种草和自然生草模式；从果园内布局角度来看，形成了全园生草和行间生草模式；从系统组成角度来看，可分为不同种养结合果园生草模式。从技术模式综合效应角度分析，果园生草具有水土保持与养分减排、土壤改良、近地层微域环境改善、梅树生育调控、果品调优、生态防控等诸多优势。果梅园生草能增加土壤有机质含量，转化营养，培肥地力，改良土壤，保水保肥，防止水土流失；且能改善果梅园土壤环境，增加植被多样化，有利于果梅树病虫害的综合治理；增加土壤通气性，改善果园小气候，促进梅树生长发育。

果园生草与野生杂草的区别有三个方面。第一，养分消耗差异。果园人工生草所用的大多为豆科牧草或经过仔细选留的原生杂草，是养地作物，它可以通过生物固氮等方式来培肥地力；而果园野生杂草多为耗地型杂草，如禾本科、苋科、藜科植物，它们不仅不能培肥地力反而要与梅树争肥争水，消耗土壤中的大量养分。第二，根系差异。果园生草大多根系较浅，植株低矮，匍匐生长，草层多在50cm以下，覆盖度大，保墒效果好，对梅树无不良影响；而果园野生杂草大多根系较深，植株高大，直立生长，株高一般都在60cm以上，对保持土壤水分作用不大，还要消耗土壤中大量水分和养分，并且对土壤深层的水分和养分吸收较多；而梅树的根系相对较深，主要是吸收土壤深层的水分和养分，因此杂草易与梅树争抢水肥。第三，营养物质差异。因为野生果林动植物共存，所以发展果园养殖也是仿生栽培的重要内容。果园生草是经过筛选的种类，一般营养丰富，干物质中粗蛋白的含量多在16%以上，且含有大量的矿质元素和丰富的维生素,是很好的动物饲料;而果园野生杂草干物质中粗蛋白的含量低,矿质元素和维生素也不如果园生草的含量高,且适口性较差。

果园生草主要有自然生草和人工生草。其中,自然生草是利用土壤中自然宿存的草种萌发生长,并及时去除蔓生缠树和争肥深根的恶性杂草。自然生草可培育蒲公英、苦荬菜、地精草、紫花地丁、委陵菜、狗尾草等匍匐生长、茎秆细或中空的草类。对于葎草、打碗花、裂叶牵牛、田旋花、苘麻、苍耳等杂草要及时拔除。每年6月下旬、7月下旬分别割草1次,秋季(8月下旬至9月上旬)采用旋耕机在行间浅翻1次,实现杂草的自然选择。人工生草是在果园行间或全园种植有益草本植物或其他作物。目前,国内外共发现草种5 000余种,能够用来施行果园生草的主要是禾本科和豆科两大类。应根据当地气候、土壤等环境条件选择合适草种。

参 考 文 献

陈红,姚玉林,张睿,等,2011. 果梅硬枝扦插繁殖试验研究 [J]. 江西农业学报,23 (10):81-82.

邓建平,2021. 常用果树夏季修剪方法 [J]. 湖南农业 (6):14.

杜超,2020. 花椒流胶病病原菌及化学防治研究 [D]. 成都:四川农业大学.

李道德,2019. 果树冬季修剪应考虑的事项 [J]. 果农之友 (11):31-33.

李嘉斌,2008. 梅花膏药病发生与环境关系的研究 [J]. 农业科技与信息 (现代园林) (10):19-21.

刘琪,2008. 有机梅生产技术 [M]. 北京:金盾出版社.

吕锐玲,付艳苹,谢甲涛,等,2011. 武汉梅花炭疽病病菌的多样性研究 [J]. 植物科学学报,29 (3):311-384.

褚孟嬿,刘士华,1987. 梅子的栽培 [M]. 南京:江苏科学技术出版社.

潘云飞,周艳,何磊,等,2021. 果园管理工作中疏花疏果的研究进展 [J]. 中国农机化学报,42 (11):198-204.

邱强,2019. 中国果树病虫原色图鉴 [M]. 郑州:河南科学技术出版社.

孙俊,章镇,盛炳成,等,2004. 夏季叶施^{15}N-硫铵果梅对^{15}N的吸收与运转 [J]. 中国农学通报 (2):154-156.

孙俊,章镇,盛炳成,等,2003. 果梅幼树对春施^{15}N-硫铵的吸收与分配 [J]. 果树学报 (4):280-283.

魏亚娟,刘宗奇,汪季,等,2019. 植物生长调节剂对榆叶梅生长及叶绿素荧光参数的调控效应 [J]. 西北农林科技大学学报 (自然科学版),47 (3):94-102.

杨生发,1998. 果梅流胶病的发生与综合防治 [J]. 中国南方果树 (6):41.

赵龙龙,张未仲,2021. 蔷薇科果树锈病的识别及流行特点 [J]. 果农之友 (4):43-44,48.

第四章　果梅加工技术

第一节　果梅的营养保健价值

果梅营养丰富，富含多种维生素、矿物质、有机酸、氨基酸、纤维素、蛋白质等对人体健康有益的成分，以其独特的口感和丰富的营养价值深受人们喜爱，3 000多年前果梅就已被载入食用历史。其医药价值也被古人陆续发掘和充分珍视，记载于《本草纲目》《食疗本草》和《本草寻源》之中流传后世。由于其良好的药食兼用性，果梅在现在的食品和药品领域应用广泛。在食品领域，果梅被用于制作各种美味的果脯、果酱、果汁等，丰富了人们的饮食选择；而在药品领域，果梅的提取物被用于制作具有保健和治疗功效的药物，为人们的健康保驾护航。

一、果梅的营养成分和化学成分

果梅中含有丰富的营养成分和化学成分，除含有果糖、水分、蛋白质、维生素等外，果梅中还含有大量的优质有机酸、无机盐，特别富含苏氨酸、亮氨酸等多种人体所必需的氨基酸。

（一）营养成分

1. 氨基酸　不同果梅中氨基酸含量差异较大，刘兴艳等（2007）研究发现大邑县5种主产果梅中均含有16种氨基酸，其中包括苏氨酸、亮氨酸、异亮氨酸、苯甲氨酸等7种必需氨基酸，每100g果肉中必需氨基酸含量为0.19g，占氨基酸总量的24.13%，是一种良好的植物蛋白质。以鲜重计，每100g果肉中氨基酸总含量最高为677mg，最低为342mg，5种果梅的氨基酸平均含量为520.4mg，其中南高品种的氨基酸总量最高，其次是大黄梅、大白梅，最低为莺宿。

随着果梅不断成熟，果实中游离氨基酸的含量也不断增加。熏制处理则会降低果梅中氨基酸的含量，通常青梅经烟熏处理后总氨基酸含量会下降约60%。

2. 维生素　青梅中含有多种维生素，如维生素 A、B 族维生素、维生素 C 等，其中，每 100g 果实含维生素 B_2 5.6mg，是某些常见水果的数百倍，是富含维生素 B_2 的绿叶蔬菜的数十倍。人类膳食中维生素 B_2 的主要来源是各种动物性食品，由于维生素 B_2 在低 pH 环境下稳定性高，而青梅酸性高且非常稳定，其中的维生素 B_2 极难被破坏，因而可更有效地被人体摄入，是其他水果无法媲美的特殊优势。另外果梅果实中还含有微量胡萝卜素。

3. 糖类　果梅中总糖含量约为 1.25%～2.60%，其中单、双糖主要为葡萄糖、果糖、蔗糖、甘露糖、山梨糖醇等，多糖主要为果胶和粗纤维。随着青梅果实的不断成熟，还原糖、可溶性糖和蔗糖含量均呈现先升后降的趋势，成熟后期果实表现出退糖现象。林钿铭等（2014）发现随着果实由七成熟增加至九成熟，果汁总糖含量由 1.85g/L 增至 12.49g/L。果梅果肉中还含有丰富的果胶（2.62%），其中水溶性果胶均达到 50% 上，具有很好的胶凝作用。果梅在加工中，特别是烟熏工艺，会造成总糖含量减少。含糖量低含酸量高（糖 1.3%，酸类 6.4%）是青梅的一大特征，糖酸比仅为 0.2，比柠檬的糖酸比都要低，这种特性使得青梅成为一种优良的天然酸味原料。

4. 矿质元素　果梅果实和叶片中含有丰富的微量元素，其中 Fe、Mg 含量较高，Cu、Zn、Mn、Se、Mo 含量较低。另外，除 Fe、Cu 外，叶片中其他元素的含量均高于果实中的含量。100g 青梅果实中钾的含量为 140～160mg，普遍高于鸡蛋、鸭蛋、大米以及一般的果梅含量。研究表明，钙和磷都是构成骨骼和牙齿的主要成分，在骨骼的形成过程中，2g 钙需要 1g 磷，但 1∶1 的比例使钙和磷更容易被人体吸收。果梅（主要是青梅）的钙磷比正好为 1∶1，不仅钙磷比合理，而且绝对量较高，是生产儿童食品和老年食品的优质原料。

（二）化学成分

1. 有机酸　青梅果实和非果实部分均含有大量的天然有机酸，如柠檬酸、乳酸、酒石酸和草酸，具有很强的杀菌作用，对大肠杆菌等细菌有致命的杀伤力，还能防止脂肪在肝脏中的沉积，提升肝脏的机能，在防治心血管病、糖尿病等疾病上有很好的效果。青梅果中总有机酸含量达到 6.4%，是典型的高酸低糖型食品。潘惠慧等（2008）创新性地采用高效液相色谱法对青梅非果实部位的有机酸种类和含量进行了定性及定量分析，结果表明，青梅枝乙醇萃取液中有机酸总量为 5.75%，以柠檬酸和酒石酸居多，而青梅叶片乙醇萃取液中有机酸含量稍高于青梅枝条，多以草酸和柠檬酸为主。Chuda 等（2011）从青梅果汁浓缩液中分离出一种能够显著改善受试者血液流动性的新型产物——梅素（mumefural），并通过试验证实其形成的主要来源是青梅中所含有的有机酸。

果梅果实是典型的柠檬酸型水果，柠檬酸含量占总酸量的 90% 左右，除此之外，还含有少量的苹果酸、儿茶酸、酒石酸、琥珀酸、丙酮酸等多种天然有机酸，是典型的碱性食品。邵静（2013）在研究中发现6份果梅品种中果实总酸含量的变化范围为28.79~38.36mg/g，其中柠檬酸含量最高，其次为苹果酸，抗坏血酸、马来酸和富马酸等。

食品加工对果梅中有机酸的含量会有不同程度的影响，如青梅在腌制过程中，果肉中的有机酸向腌制液中扩散，从而导致果肉中的有机酸总量变小。青梅在熏制乌梅炭的过程中，经过炒炭、烘炭，其有机酸含量均较鲜果明显降低，并且随着烘制温度的升高，有机酸降低率增大。果梅酒在酿造过程中，经酒精发酵和受到酵母菌代谢的影响，果肉中的有机酸组成也会发生改变，这可能是因为发酵过程中酵母菌代谢产生琥珀酸、苹果酸、乳酸、乙酸以及发酵过程中部分富马酸可能被降解。

2. 酚类化合物　多酚是广泛分布在植物体内的复杂多元酚类化合物。主要的酚类群有类黄酮、酚酸、木脂素和芪类。多酚物质的组成在水果中十分复杂，不同时期、部位、品种的多酚含量均存在较大差异。果梅酚类物质含量在硬核期最高，含量超过干重的1%，其碱水解产物为羟基肉桂酸衍生物，主要包括绿原酸、新绿原酸、咖啡酸、顺式-p-香豆酸和阿魏酸，表明果梅中的酚大多数为羟基肉桂酸衍生物。Xia等（2011）首次从果梅种子分离出绿原酸、新绿原酸和隐绿原酸化合物，含量最高的是绿原酸。果梅的果肉、果核及果叶均含有多种酚类化合物，包括黄酮类化合物、酚酸和少量单宁，因此具有较强的抗氧化性。干燥后的果梅果肉中总酚含量约为2.07%，总黄酮含量约为1.14%；果核中总酚含量约为0.77%，总黄酮含量约为0.43%；果叶中总酚含量约为0.89%。韩明等（2007）优化了青梅多酚的提取工艺，从中提出的多酚含量达到15.397mg/g。果梅果皮中的酚类物质主要是原花青素和新绿原酸。

果梅中总酚含量远远高于苹果、葡萄、柑橘、梨等水果，具有强抗氧化性，加工后可作为天然抗氧化剂或保健食品。果梅中的酚类物质，如花青素、二氢黄酮醇的含量随着果梅成熟度的增加逐渐增加，而没食子单宁、黄酮醇、鞣花单宁和鞣花酸含量逐渐下降。其中花青素、类黄酮等酚类物质都是热敏性物质，热处理会显著影响果梅中这些酚类化合物的含量。高温会造成酚类物质降解，从而导致果梅中多酚化合物、花青素和黄酮总量降低。

3. 挥发性成分　果梅中的挥发性成分主要有酚类、酸类、酯类等。随着果梅成熟度的增加，挥发性成分的含量逐渐增加，其中萜烯和萜烯醇类含量由3.73%增至19.53%，果梅在成熟过程中挥发性成分的变化，一定程度上揭示了其由青涩果香向浓郁芬芳的果香—花香混合型变化的原因（林钥铭，2014）。

　　果梅在腌制过程中风味物质也会发生变化，腌制至第 2 天，风味物质有 50 种，醇类与醛类相对百分含量高；第 2～8 天，醇类和醛类物质含量逐渐减少，而酯类和酸类含量逐渐增加（林耀盛，2015），熏制亦是如此。乌梅是成熟青梅熏制而成的药食两用原料，乌梅的特殊香气主要来自于乙醛、乙醇、丙醇、乙酸乙酯等。果梅在加工前其鲜果具有独特清香味，干燥或熏制后风味醇厚，该特性可应用于肉制品、烘焙制品等加工中作为天然风味剂，进一步开发出"梅香"系列产品。

　　4. 萜类　目前，从青梅属植物提取出的三萜类化合物已有 12 个，均从该属植物的茎中分离获得，其母体骨架多为四环三萜（如环阿屯烷型、羊毛脂烷型，达玛烷型）和五环三萜（如羽扇豆烷型）。青梅非果部位提取物中，三萜皂苷的含量为 5%～20%，在青梅花中含有叶绿醇，叶绿醇是一种双萜化合物，是叶绿素的一个组成部分。

　　5. 其他　果梅果仁中脂类含量较高，尤其在成熟期，主要为中性脂类。果肉中脂类含量较低，主要是亚油酸、油酸和棕榈酸。青梅中还检出了蛇麻脂醇-20（29）-烯-7β，15α-二醇-3β-棕榈酸酯、硬脂酸酯、花生四烯酸酯、二十二酸酯和二十四烷酸酯等。

　　此外，乌梅中含有硬脂酸酯、15α-二醇-3β-棕榈酸酯、廿二酸酯、花生四烯酸酯、蛇麻脂醇-20（29）-烯-7β 等，还含有 β-胡萝卜苷。通过对乌梅果实进行完整的化学分析，在梅果实中分离纯化出三萜物质，以红外光谱（infrared spectroscopy，IR）、质谱法（mass spectrometry，MS）等进行光谱分析，验证为齐墩果酸和熊果酸，两者的化学结构为差向异构体，在薄层层析硅胶板上比移值差别很小，几乎是一个斑点，很难分离，没有专属性。

二、果梅的生物活性作用

　　果梅不仅为人类提供饮食中所需的各种碳水化合物、矿物质元素等营养物质，而且也是提供特殊生物活性物质的重要来源，如维生素 C、维生素 E、类胡萝卜素等，以及引起人们极大关注的多酚类物质。这些物质能够清除有害人体健康的自由基，预防心血管疾病和糖尿病，还具有抗癌、抗衰老、镇痛、抗炎等多种功能活性，目前果梅功能成分研究的热点主要是开发和利用果实中的生物活性物质。

（一）抗菌作用

　　早在古中医学书籍中就有记载果梅的抑菌作用。随着人们对果梅药理成分的关注，越来越多的学者开始关注果梅抑菌活性的相关研究，关于果梅的枝、叶、花和果实等抑菌活性的相关报道也陆续出现，有关果梅抑菌活性的研究也逐渐增多。现代研究中报道最多的关于乌梅的抑菌活性，其对金黄色葡萄球菌、肺炎链球菌、痢疾杆菌、伤寒杆菌、霍乱杆菌、变形杆菌、大肠杆菌、百日咳杆菌、炭疽杆菌、沙门氏菌、白喉杆菌、人型结核杆菌、脑膜炎球菌、绿脓杆菌等多种细菌具有抑制作用。

吴传茂等（2000）研究发现乌梅提取液对大肠杆菌、金黄色葡萄球菌、枯草芽孢杆菌等细菌有很强的抑制作用；李仲兴等（2007）通过测定乌梅对308株临床菌株的抑制活性发现乌梅具有广谱杀菌作用，但在果梅鲜果中未见相关报道。台湾学者在变形菌抑菌药物的筛选过程中发现果梅对其生长有抑制作用。陈虹等（2008）研究发现果梅原汁和清汁对大肠杆菌、枯草芽孢杆菌和金黄色葡萄球菌生长有抑菌作用，且其抑菌活性与其所含的大分子化合物无关，也不受 pH 和温度的影响；韩国学者 JUNG 等（2010）通过支气管败血波氏杆菌的抑菌活性测定发现果梅果实对其生长具有抑制作用，Miyazawa 等（2006）研究发现梅果实浸提液对幽门螺杆菌有抑制作用，还有研究报道梅果汁对流感病毒 A 生长有较强的抑制作用。Chamida 等（2011）以琼脂扩散法测定了乌梅提取物对 15 种口腔致病菌的最低抑菌浓度和最低杀菌浓度，发现在2g/mL 的浓度范围内，乌梅提取物对这些致病菌均有抑制作用，因此乌梅可能是一个潜在的治疗牙周疾病的口服抗菌剂。

（二）抗氧化作用

青梅中富含黄酮、多酚等多种生物活性物质，能够有效抑制氧化反应的进行并提供体内保护，具有清除自由基和抗氧化的效用，是人体内氧自由基的天然清除剂。大量的流行病学调查显示，摄入富含酚类和黄酮类物质的食物和饮品可以降低心血管、中风和某些癌症的发病率，这种保护作用也被归因于其抗氧化特性。果梅中类黄酮、花青素等酚类物质具有良好的抗氧化性，其总抗氧化性是苹果的 4.4 倍。Mitani 等（2013）研究发现青梅果实中酚类物质的含量达到 1%，其氧自由基吸收能力（oxygen radical absorbance capacity，ORAC）值依照成熟度的不同为 150～320μmol/g，具有显著的抗氧化作用。试验发现，青梅的果皮抗氧化性比果肉更强。

Kyung 等（2016）对青梅提取物研究发现，青梅中绿原酸和新绿原酸抗氧化能力要显著高于咖啡酸、阿魏酸和维生素 C 等常见抗氧化剂，这主要取决于其特殊的分子结构，绿原酸和新绿原酸结构中含有 5 个活性羟基和 1 个羧基，能够提供一定量的活性氢来消除氧自由基和羟基自由基。此外，绿原酸和新绿原酸还能激活机体内的抗氧化酶活性，从而提高机体抗氧化能力，减缓衰老。

青梅的熏制品称为乌梅，所含的花青素和类黄酮类物质能清除自由基，具有明显的抗氧化、溶血和抗肝菌浆脂质过氧化作用。Benherlal 等（2007）以没食子酸、槲皮素和羧酸作为参照物，体外测定乌梅果肉果泥提取物、果核提取物和种皮提取物的 O_2^- ·及 DPPH·清除率，结果表明，果仁提取物的 DPPH·清除率高于种皮和果泥提取物，但是都比参照物清除率低；果仁提取物的 O_2^-·清除活性是羧酸的 6 倍、儿茶酸的 3 倍；对于·OH 清除率，果仁提取物的活力与儿茶酸相当。

（三）抗肿瘤作用

青梅和青梅提取物如 MK615 含有已知的抗癌分子，主要是熊果酸和油酸，它们都是具有强大抗癌活性的五环三萜。青梅中还含有较多的 VB17（苦杏仁苷），有利于防治癌症。青梅果抗肿瘤成分的作用机制体现在多个方面，包括诱导细胞的凋亡、自噬；抑制极光激酶 A、B；抑制晚期糖基化中间受体（RAGE）的表达；诱导癌细胞中活性氧积累；细胞周期阻滞作用等。例如，饮用梅汁对防止乳腺癌的发生有一定作用，青梅果实浓缩液中的 MK615 对 MCF7、MDA－MB－468 乳腺细胞具有较强的抑制作用，MK615 在浓度为 600g/mL 时对这 2 种乳腺癌细胞的抑制率分别为 59.2% 和 83.5%。进一步研究其抗肿瘤作用机制，发现青梅果浓缩汁（MK615）可以通过改变这两种肿瘤细胞的细胞周期和促进肿瘤细胞凋亡两种途径达到抗肿瘤作用，而这些作用可能是与青梅果浓缩汁中较高含量的三萜类物质有关。Tetsuro 等（2002）从青梅属中分离得到的十几种多酚类化合物中，Vaticanol C、Vaticanol canol D、Vaticanol H、Vaticanol I、Vaticanol J 及 Vaticaphenol A 对抗 9 种人体癌细胞、抑制肿瘤的生长效果较好，其中 Vaticanol C 抑制效果最明显。青梅中也含有少量的硒（Se），许多国内外专家均认为，硒是一种多功能的营养物质，有预防和抵抗癌症的作用，是哺乳动物和人体所必需的微量元素之一。研究人员还发现，乌梅水煎剂可抑制艾氏腹水和小鼠肉瘤 S180，水提物体外抑制妇女宫颈癌细胞培养株素 JTC－26 高达 90% 以上。小鼠玫瑰花环试验表明，乌梅对免疫功能有增强作用。

乌梅发挥抗癌作用主要通过萜类物质来防止细胞转化、减少致癌基因表达、调节信号通路、减小肿瘤体积等机理来实现。以胃癌为例，就中医来看，肿瘤的形成在于外邪入侵与内脏不调，癌毒酷烈，易于走窜，因此，收敛固涩便是中医治疗癌症的基本理念。乌梅中的酸性物质能入肺经，具备收敛固涩之用，可以止血止泻、养阴生津，为胃癌患者固本培元、解毒抗癌，且能减缓肿瘤转移速度。乌梅提取液可以抑制癌细胞的增殖、迁移，且药效与药物浓度有显著的正相关关系。在恶性肿瘤的发展中，最为复杂的是第三阶段，在这一阶段，患者寒热错杂、邪正相争，生死在一瞬之间，而乌梅恰巧可以调和阴阳，帮助患者渡过难关。

（四）解毒作用

青梅含有丰富的有机酸，是良好的生理碱性食品，可以中和血液的酸性，保持体液的弱碱性。自古以来，人们就认为青梅可以"断三毒"，三毒即指"食物的毒""血毒"和"水毒"，使用乌梅、酸梅干等来"断三毒"，就是利用青梅中的有机酸，其中琥珀酸是重金属、巴比妥类药物中毒的解毒剂，丙酮酸和齐墩果酸等活性物质对肝脏有保护作用，能够提高肝脏的解毒功能。青梅精可以预防脂肪沉淀在肝脏与血管内，有效保护肝脏，同时青梅的酸味也有助于强化肝功能，中医上讲酸味入肝，酸味进入肝以后在一定程度上能强化肝功能。

（五）心血管保护作用

青梅中黄酮类化合物含量较高，能防治心血管疾病、降低胆固醇、改善血液循环。青梅能抑制血液中胆固醇的增加，并能改善大动脉及肝脏等的脂肪沉淀和动脉硬化。青梅中天然果酸提取物有促进血液循环的作用，如柠檬酸、苹果酸等有机酸能改善血液的流动性，青梅果浓缩汁中梅素、5-羟甲基-2-糠醛（HMF）等组分能显著地提高血液流动性，表明青梅果汁中的活性成分既有来自果汁加热浓缩处理时新得到的物质，也有天然存在的大量有机酸类。从青梅花中分离出的活性糖类 Prunoses Ⅰ、Prunoses Ⅱ 也具有抗凝血酶作用。此外，有报道称梅提取物具有抗凝血抑制纤溶活性的作用。青梅对易导致高血压的病症包括精神紧张、失眠等具有良好的治疗效果。

乌梅中的熊果酸可以有效改善体内的甘油三酯水平，提升高密度的蛋白含量，且其与胰岛素的作用类似，可以调控脂肪细胞 PPAR-γ，抑制白色脂肪的积累，促进棕色脂肪的形成，提高机体耗能水平，还可以稳定胆固醇、甘油三酯、体内能量三者之间的关系，控制人体吸收糖分的速率，其中的齐墩果酸和熊果酸一样，都是降低血脂的成分，可以在多个环节发挥其标本兼治的作用。乌梅肉在降低血糖水平上也有明显效果，主要依赖其中的苹果酸和枸橼酸，其作用机制可能与三羧酸循环密切相关。乌梅肉降低血糖的机理重点在强化细胞膜转运葡萄糖的能力和活性，可以提升细胞吸收葡萄糖的能力。齐墩果酸和熊果酸都是乌梅果肉中的萜类成分，能改善胰岛素 Akt 通路，作用于肝脏，有效减少糖分异生的问题，还能改善胰岛素的敏感性，日后或可成为防治糖尿病的高效药物。

（六）其他作用

有研究表明，青梅中所含有的脂溶性成分（如植物甾醇和三萜类化合物）及水溶性成分（如黄酮糖苷）具有抑制食欲、减少血脂和降低肝脏内脂肪酸合成酶（FAS）活性的作用，因此其具备了相当程度的治疗和预防肥胖的功效。将青梅中的白藜芦醇及其低聚物进行提取分析后发现，该类物质具有一定程度的抗艾滋病毒和抗菌的特性，而提取出的顺丁烯二酸类和糠醛类物质也同样具有抗菌消炎的作用。

青梅中有机酸种类多、含量高，可以使肠道在短时间内呈现酸性，能帮助肠胃消化，增加对钙的吸收能力，而且对大肠杆菌、沙门氏菌、金黄色葡萄球菌等侵入胃肠的病原菌有一定的抑制作用，可以用于预防肠道疾病。另外青梅中含有的儿茶素，是一种多元酚类物质，具有促进肠胃蠕动、改变肠道微生物分布以及调理肠道的功能，故食用乌梅可调整肠胃功能，增强消化道功能且具有通便的功效。有研究表明，从青梅果的甲醇提取物中分离得到的丁香树脂酚对可引起胃肠道疾病的幽门螺杆菌有强的抑制作用，0.5mg/mL 的抑制率达到90% 以上。

三、果梅的保健价值

果梅作为我国的原产果树，自古就有药食两方面的使用，极具保健价值。中国古代药典《本草纲目》和《神农本草经》都有关于青梅的记载，"梅实采半黄者，以烟熏之为乌梅"，乌梅即青梅的炮制加工品，其用法始载于《神农本草经》，被列为中品，后收录于历代本草，均划分为收涩药，性平厚，具备生津止渴、驱虫止痢的功效。秦汉时代所著《神农本草经》首先指出乌梅的药用价值："梅实味酸，平，无毒。主下气，除热，烦满，安心，止肢体痛，偏枯不仁，死肌，去青黑痣，恶疾。"明代李时珍在《本草纲目》中记载了乌梅归肝、脾、肺、大肠经，具有敛肺、涩肠、治久咳、疟痢、反胃、噎膈、蛔厥、吐利、消肿、涌痰、杀虫、解毒等功效。青梅也因此被冠以"北山楂，南青梅"之赞誉。由于果梅丰富的化学、营养成分和高酸的特点，果梅具有多种保健功能。

（一）理想的碱性食物

健康人体的血液应保持为中性至弱碱性，人类长期食用酸性食物会使血液酸性化，往往成为某些疾病的根源。由于人们常吃的大米、白糖、蛋、肉类等都是酸性食物，因此食用一定量的碱性食品是维持身体健康所需要。果梅中有机酸含量很高，口感很酸，却是名副其实的碱性食物。它含有较多的钾、钠、钙、镁等矿物质，在体内最终的代谢产物常呈碱性。因此，梅果及其加工品在中和血液的酸性与维持血液的弱碱性方面具有显著的保健作用。

（二）预防神经系统疾病

乌梅是由几近成熟的青梅加工而成，其于酸敛凝聚之中透出生发之气，而肝属木气，最需生发，其可养肝护肝，治疗肝疾引起的神经系统疾病。肝脏阳气亏损，则生发无力，血不归肝，则魂游于表，在临床上表现为失眠，乌梅丸可以温补肝阳，协助血气上达，安定患者心神，助其入眠。乌梅还可以修复患者肢体经络，以其入药，可以治疗因神经受损而出现的肢体疾病。也有肢体疾病是由肝气郁结而成，乌梅同样可以发挥疗效。服用乌梅可以起到镇静、抗惊厥等作用，小儿抽动征便是由肝风内动引起，乌梅丸兼具酸、苦、辛等作用，可以熄灭肝脏邪风，恢复患者健康。

（三）预防妇科疾病

在中医理论中，女子以肝为先天，乌梅能补肝阴，对女子的经期经量调节具有显著效果。在临床上，乌梅丸被用于治疗厥阴症、焦虑症、胸痛症、HPV。乌梅丸的原效是驱虫，方剂书中将其归为驱虫方，以往被学医者忽视，但是在现代临床应用中发现，其在治疗上热下寒症状中有很好的疗效，究其原因在于妇科疾病大多与厥阴病的发生机理类似，邪气若侵厥阴经，则肝脏失调，气血不畅，遇阴则转为寒症，遇阳则转为热症，长此以往，则毁坏身体根基，正邪交争，使病人寒热错杂、精神不振，久之转为妇科疑难病症。加之妇人肝气郁结，身体疏藏失节，当升而不升，当降而不降，致使身体上寒下热，而乌梅具备调和阴阳、补肾益肝的作用，乌梅丸方剂集多种药物于一身，其味酸、苦、辛、甘俱全，正是以杂治杂之机理，起到上下同治、寒热得当之效。此外，乌梅可以减缓女子的原发性痛经症状，在远期疗效方面，乌梅可以作为女性的日常保健用品。

（四）预防消化系统疾病

果梅中含有儿茶素，它是一种多元酚类物质，是茶叶中重要的功能成分。它具有促进肠道蠕动、改变肠道微生物分布和调理肠道的功能，而且梅果中丰富的有机酸可以使肠道暂时呈酸性，有效抑制了大肠杆菌、沙门氏菌、金黄色葡萄球等病原菌的活动，减少了肠道传染病的发生。

现代药理学研究表明，乌梅对消化系统的修复作用主要体现在对受损胃肠黏膜的修复和炎症状态的改善上。乌梅丸能有效促进受损胃黏膜的修复，对慢性萎缩性胃炎有明显疗效。乌梅汤对溃疡性结肠炎的治疗作用主要通过促进肠黏膜修复、改善炎症环境和抑制炎症反应来实现。乌梅提取物和乌梅水提醇沉物均能延缓腹泻期，减少稀便次数，且呈剂量依赖性。乌梅的水提醇沉物也能抑制小鼠小肠的运动，但对肠液分泌没有明显的抑制作用。在相同剂量下，乌梅水提醇沉物的止泻效果更好，在腹泻的治疗中，可以融合乌梅的果核和果壳与抑制肠道分泌的中药，增强愈合效果。乌梅丸临床治疗溃疡性结肠炎的效果较好、副作用小、复发率低，具有较好的应用和开发前景。

（五）预防结石作用

乌梅中的有机酸对抑制草酸钙结晶的形成具有高效作用，也可以减轻肾结石对身体造成的损伤，降低复发率。肾结石的形成是生物矿化的类型之一，在肾结石的类型中，草酸盐结石占了绝大多数，而运用中药方剂来治疗草酸盐结石的历史悠久，在近些年的研究中，乌梅的有效化学成分陆续被发现，其中，柠檬酸和天冬氨酸可以抑制草酸钙的发展和聚集，降低草酸盐结石形成的概率。乌梅提取液能通过枸橼酸盐同钙络合，在一定程度上能降低尿钙浓度，从而降低草酸钙的饱和度。同时，乌梅中还含有多种类型的抗氧化物质，能降低氧自由基的含量，保护肾小管，进一步抑制草酸钙结石晶体的形成。

（六）预防高血压动脉硬化

果梅不仅能有效防治精神紧张、失眠等容易引起高血压的病症，而且能清洁血液。100g 果梅中含有的黄酮类物质平均含量高达 145mg。黄酮具有改善血液循环、降低胆固醇等作用。研究表明，果梅能抑制血液中胆固醇的增加，并能改善大动脉及肝脏等的脂肪沉淀和动脉硬化。

（七）其他方面

近年来，国内外学者对果梅的保健功效做了进一步研究。张治等（2007）研究发现，果梅汁在一定程度上具有改善小鼠记忆的功效。台湾学者研究表明，梅果提取物有较强的清除自由基的能力，可以抗衰老，韩国学者还从梅果中分出了一种抑制细胞生长的物质。

四、果梅的药理药效

果梅的药理药效作用主要体现在炮制成的乌梅上。在中医理论中，乌梅能调和气血，润肺止咳，对于咳嗽、口干等症状有良好的缓解作用。同时，乌梅中的某些成分还具有抗氧化、抗炎作用，能够保护细胞免受损伤，预防多种慢性疾病。其中的有机酸和挥发性成分具有明显的抗氧化功能，而黄酮类、萜类、甾醇等在抗肿瘤方面具有奇效。乌梅具有广谱的抑菌性，主要是因为其含有的有机酸类物质对许多病菌的细胞膜具有破坏作用，从而阻断其 DNA 的合成来抑制菌体的生长。乌梅还具有抗炎、抗肿瘤、抗惊厥及镇静催眠的作用。

乌梅在医药上有广泛的应用。一方面是中药材临床应用，在临床上，乌梅及其制剂可以应用于妇科疾病、结石、心脑血管疾病、肿瘤、神经系统疾病等方面的诊治；另一方面利用乌梅为原料制成的"乌梅丸""乌梅饮"等药品达20 余种。

乌梅的临床药用价值丰富。作为传统中药材，乌梅具有收敛固涩、生津止渴的药理特性，广泛应用于多种疾病的辅助治疗。在消化系统方面，乌梅能够促进消化液分泌，缓解消化不良症状。同时，乌梅还具有抗菌、抗炎作用，对于某些感染性疾病的治疗也有良好效果。此外，乌梅在调节血糖、保护心血管方面也展现出潜在的药用价值。然而，乌梅的药用仍需在医生指导下进行，以确保其安全有效地发挥治疗作用。通过深入研究乌梅的药理机制和临床应用，我们可以进一步挖掘其药用潜力，为人类的健康事业贡献力量。

乌梅是一种安全性高的药用和食用同源药材，其药理作用广泛。乌梅不同炮制品和不同部位的药理作用不同，不同药理作用的活性成分也不完全相同。

例如其壳和核的镇咳作用比果肉强，但黑李的果肉没有镇咳作用，可能与其中所含的苦杏仁苷有关。在止血作用方面，乌梅炭要强于生乌梅，且其有机酸的高低与止血作用并不成正比关系。根据学界研究，齐墩果酸和熊果酸可能是乌梅中具有抗菌和抗肿瘤作用的活性成分，但是否还有其他活性成分有待进一步研究。目前，对乌梅各种药理作用的具体活性物质和作用机制，特别是乌梅各种炮制品的药理作用方式和活性成分的研究还存在局限性。

第二节　果梅加工技术

果梅含酸量高，含糖量较低，且存在涩味，鲜食风味欠佳，一般消费者难以接受，因此除少量供鲜食之外，绝大多数鲜果都会进行初级加工，旨在延长鲜果保质期或成为二次加工的原材料，最大程度地开发果梅的附加价值。同时乌梅属于我国的药食同源名录品种之一，大健康产品市场开发潜力巨大。

一、果梅食品加工技术

随着对果梅功能性成分的研究深入以及人们对保健功能的认识不断加深，果梅的抑菌性、抗氧化性、持水性等功效开始逐渐应用到食品工业中，果梅新产品也越来越丰富，主要是以半加工产品或加工成蜜饯、果脯、原汁、复合果汁饮料、果酱、果醋、浸泡果酒、发酵果酒、乌梅、青梅精等。但果梅加工过程中仍存在一些急需改善的问题。

（一）果梅加工关键技术

1. 降低亚硝酸盐含量　不同青梅制品中亚硝酸盐的含量不同，新鲜青梅<盐腌梅<糖腌梅<青梅酒，说明青梅在腌制后亚硝酸盐都有增加。适量添加维生素 C、茶叶、乳酸菌均能降低青梅腌制品中亚硝酸盐的含量，其中维生素 C 降解效果最好。以糖腌梅为例，腌制时加入 5g 茶叶、100mg 维生素 C、0.45g 乳酸菌，得到的糖腌梅亚硝酸盐含量仅为 0.87mg/kg，低于新鲜青梅。通过降低青梅腌制品中亚硝酸盐的含量，其理化指标和品质可以得到综合提升。

2. 渗糖技术　传统糖渍技术周期长，质量安全没有保障，因而快速糖渍技术显得尤为重要。超声波辅助作用有利于提高青梅糖渍速度及低聚果糖的渗透。卢红霞（2018）研究发现，青梅果脯超声波渗糖的最佳工艺为功率 1 800W、间隔 360min、每次超声 40min、持续 15 次、水温 30℃，可以加快青梅糖渍，促进低聚果糖的渗透，达到抑菌效果。

3. 护色技术　酚类物质氧化缩合引起的非酶褐变是青梅汁在加工和贮藏过程中发生褐变的主要原因，既影响果汁外观，还降低营养价值且缩短贮藏货架期。护色方法包括物理方法和化学方法。物理方法有减压浓缩、低温贮藏等，都可明显抑制青梅汁非酶褐变的发生。化学方法主要是添加护色剂，如异抗坏血酸钠、六偏磷酸钠和植酸都有防褐变的作用，但作用机理和效果又有差别。与植酸、六偏磷酸钠等相比，青梅汁添加质量分数 0.005% 的异抗坏血酸钠对果汁浓缩过程具有显著的防褐变效果（张慧敏，2015）。

4. 澄清技术 青梅果酒中含有的蛋白质、纤维素、果胶、多糖类大分子、鞣质、单宁、蛋白质的络合物、酒石酸盐等，在酒中以胶体状态存在，在贮存过程中容易产生浑浊和沉淀，从而使果酒透光率和稳定性差，严重影响到酒的外观，因而果梅酒的澄清技术显得尤为重要。澄清技术包括热处理、添加澄清剂、过滤、微滤、超滤等。

（1）热处理 与自然澄清处理相比，加热处理能较好地提高酒体的透光率，改善酒体的澄清度。

（2）添加澄清剂 目前，添加澄清剂是澄清处理的主要方法。100mL 青梅酒中添加 0.08g 皂土、0.08g 单宁酸、0.08g 果胶酶、0.06g 壳聚糖后，其透光率为 96.5%。陈铭中（2020）等研究发现，发酵青梅酒澄清工艺为壳聚糖添加量 15.5g/L、澄清时间 5d、pH 为 4.3 的条件下，透光率达到 97.4%。

（3）过滤、微滤澄清 不同微孔膜对青梅酒过滤澄清效果不同，采用孔径 0.1μm 的 USP143 膜错流过滤青梅酒，其感官质量、澄清度与稳定性显著提高，不影响理化指标，能保持酒体固有风格。微滤可以极大地提高酒体透明度，并达到理想的除菌效果。陶瓷膜微滤对青梅酒挥发性组分的影响不可忽略，0.5μm 的陶瓷膜比 0.2μm 更适合于青梅酒的澄清。

（4）超滤澄清 超滤技术不仅可以除去果胶、淀粉和微小的组织碎屑，还可以除去褐变色素和微生物，具有条件温和、速度快、效果好、营养损失少等优点。张慧敏（2015）等利用中空纤维超滤膜超滤澄清青梅汁，发现操作压力、料液流速和果汁温度对膜通量有综合性的影响。与使用单一澄清剂或单一方法相比，复合澄清剂或综合利用多种澄清技术，其澄清效果会更好。

5. 脱苦技术 青梅中含有大量苦味物质，如有一定毒性的苦杏仁苷。为了去除不良苦味及其他异味，改善青梅产品的风味和口感，可使用脱苦技术。与 β-环糊精法相比，苦杏仁苷酶对青梅酒的脱苦效果更好，脱苦率可达 46.62%。陈铭中（2017）等对 3 种脱苦方法进行比较，也证实苦杏仁苷酶法效果最好，其最佳脱苦工艺参数为苦杏仁苷酶添加量 0.8U/mL、温度 50℃、pH 4.6，脱苦率可达 43.03%。

6. 降酸技术 常用的降酸方法包括物理降酸法、化学降酸法和生物降酸法。其中，物理和化学降酸法有碳酸钙法、碳酸氢钾法、碳酸钾法、树脂法等。赵莹（2018）等研究发现，以树脂 D630 法降酸效果最好。青梅酒经过添加质量分数 3% 树脂 D630，作用时间 90min，搅拌速率 150r/min 处理后，总酸和挥发酸含量分别为 4.06g/L、0.98g/L，较优化前分别降低了 15.06%、4.85%。郑新华（2014）等针对浸泡青梅酒酸度过高的问题，研究了 5 种离子交换树脂对青梅酒的降酸处理，发现弱碱性大孔阴离子交换树脂 D314 呈现出良好的降酸效果。

生物降酸法如苹果酸-乳酸发酵（malolactic fermentation，MLF）法、苹果酸-酒精发酵（maloalcohol fermentation，MAF）和使用降酸酵母等。青梅汁经过植物乳杆菌 LP－L134－1－P 发酵后，其总酸总体呈先上升再下降的趋势，证实植物乳杆菌 LP－L134－1－P 优先代谢葡萄糖转化成乳酸，抑制了 MLF 的发生。而青梅汁在柠檬酸-柠檬酸钠缓冲体系中，经过酒类酒球菌（*Oenococcus oeni*）发酵后，体系酸度降低了 26.40%。降酸酵母能够去除酒中约 30% 的苹果酸，从而达到降酸的目的。与物理降酸和化学降酸法相比，生物降酸法具有条件绿色、反应温和、食用安全性高等优点，逐渐成为降酸研究的新突破点。

7. 降低氰化物含量　由于青梅含有氰苷类配糖体，在加工过程中会水解产生一定量的氰化物。为了降低青梅酒中的氰化物含量并保证其质量安全和风味品质，宋志雪等（2021）将初筛的对氰化物处理效果较好的粉末活性炭对青梅酒中氰化物进行处理，研究发现 100mL 青梅酒添加粉末活性炭 6.5g、作用时间 1.8h、作用温度 55℃时，青梅酒中氰化物质量浓度比最初的 29.06mg/L 降低了 76.46%，保证了青梅酒的风味与品质。

我国对果梅的利用虽然具有较长的历史，但有相当数量的果梅加工采用传统作坊式生产，设备条件相对简陋，造成产品的品质低下或产品质量不稳定、安全无保障等问题，严重影响果梅生产全行业的声誉。因此，研究开发高附加值的果梅深加工产品，充分利用果梅的保健功效与药用价值，不仅可满足人们健康饮食的需要，而且可以大幅提高果梅产品的附加值，增加果梅加工经济效益；同时对于提高我国果梅加工业的整体水平和经济效益，改善我国果梅加工产品的结构，提高果梅加工企业的国际竞争力，促进果梅产业的健康、有序发展具有十分重要的意义和迫切的必要性。

（二）常见果梅加工品类

1. 梅酒　梅酒主要分为浸泡型和发酵型两种。浸泡型梅酒由粮食酒浸泡新鲜果梅而成，是家庭自制梅酒最简单方便的方法，且有学者认为此方法更易保留青梅原有的特征风味，李涛等（2020）调整了青梅与酒的比例、优化了酒精添加量体积分数（50%）和加糖量（65%）后制成的浸泡型青梅酒评分最高。发酵型青梅酒是将新鲜青梅破碎调整成分后接种一定量的酵母菌发酵制成，由于青梅糖酸比及 pH 较低，生产过程中必须对青梅原汁的 pH 进行调整，以保证酵母的正常生存代谢，目前常用的降酸方法有物理化学及离子交换降酸法。

目前市场上年轻人非常喜爱的梅见酒，是重庆江记酒庄有限公司推出的一款青梅酒品牌。梅见青梅酒在原料和酿造工艺上都极其精细，选用优质青梅原料，搭配上优质基酒，通过科学配比和多重工序，保证梅见酒的风味。梅见酒不仅有原味白梅见，还有烟熏风味的金梅见、清新雅致的蓝梅见以及风味十足的茶梅见等多种产品系列，满足了不同消费者的口感需求。同时，梅见酒以中国传统优雅文化为根基，将唐宋审美与传统饮酒文化结合，带来舒适优雅的饮酒体验。

2. 果脯 果脯是目前果梅加工品的主要类型，占到了果梅加工品总数的70%以上。包括咸梅干、梅胚等半成品，以及在其基础之上生产的话梅、陈皮梅、甘草梅、脆梅等蜜饯果脯。它是果梅加工历史最悠久、加工技术最成熟的一类产品。不过这类产品也存在一定的缺点，即梅果在加工成为半成品时要经过盐渍和漂洗，使得梅肉萃取液有少量的流失。但这没有影响到人们对它的喜爱，酸甜可口、爽口宜人的特点使其成为人们家中的必需品。厌食之时，它能增进食欲。肠胃不适时，它能健胃消食，并能双向整治便秘和腹泻。梅肉还有神奇的解酒功能，在喝酒前食用一些梅肉，可以有效防止酒醉。此外，果梅肉还有安神作用，可以有效缓解紧张情绪。

3. 糖水青梅 糖水青梅是以青梅、盐为主料制作的食品，使用工具是密封玻璃罐。其加工方法是用一定浓度的钙、钠盐混合水溶液，在短时间内浸泡鲜梅果，使梅果脱苦、去涩、增香，并在杀菌后保持鲜果的清脆。同时，采用碱酸处理的脱皮工艺，消除梅果表面起皱的现象。上述处理后的梅果，经配制可获得糖水青梅罐头、青梅果实饮料等产品。

4. 果梅饮料 果梅也常常被加工成为非酒精类的软饮料。其中酸梅汤最负盛名，被称为中国人的可乐。它采用乌梅熬汁而成，不仅具有酸甜美味的口感，还兼有乌梅丰富的药用保健价值，广受消费者的喜爱。人们还利用梅果和其他蔬菜、水果复合开发出了果梅复合饮料，满足了人们的更多需求。这类饮料口感柔润细腻、具有果梅和其他果梅特有的香味，开胃怡神、美容养颜，且同时具有多种果梅的营养成分。王文义等（2018）研究了一款主要原料为青梅、乌梅、橘皮、茶叶等的复合饮料，优化了各浓缩液的添加量，考察了羧甲基纤维素钠（carboxymethyl cellulose，CMC）、卡拉胶等稳定剂的添加量，为重要保健饮料的开发提供了一定的参考。郑秀丽（2015）通过单因素试验和正交优化试验对青梅饮料的生产工艺及其稳定性进行了研究。陈怡飞等（2022）将辣木叶茶（52%）和青梅（5.5%）结合，辅以蜂蜜（4.0%）、白砂糖（2.2%），研制了一款抗氧化能力较强的复合饮料。

5. 青梅醋 青梅果醋是以青梅为原料进行发酵或米醋浸泡后制成的具有青梅风味的果醋饮料。青梅醋口感酸涩，常用作调料、饮料等，具有软化血管、美容养颜、排毒减肥等功效。杨颖等（2010）研究了以青梅果实为原料，经过果胶酶处理后，采用高活性酿酒酵母进行酒精发酵，采用 A. pasteurianus QM17 醋酸菌进行醋酸发酵，即可得到具有典型梅香味的青梅果醋。但目前还未有学者对糖渍后青梅进行果醋发酵工艺研究的公开报道。

6. 青梅精　青梅精是新鲜青梅打浆过滤后进行连续熬煮至黑色膏状，成品可溶性固形物可达 73～78°Brix（梁多，2017）。青梅精中其主要活性物质为梅素，具有调节血液系统、提高免疫力、消除疲劳等功效。念家华等（2018）对青梅精的加工工艺进行了优化，通过优化真空浓缩工艺和高温浓缩最佳条件，得到了一款梅素含量较高，5-羟甲基糠醛含量较低的青梅精。

7. 乌梅　乌梅，药材名，由近成熟的果梅炮制而成。以乌梅为主，进一步可制成乌梅炭和醋乌梅等。乌梅含有丰富的以脂肪族和芳香族为主的有机酸类成分，包括柠檬酸、苹果酸、没食子酸、新绿原酸、咖啡酸和齐墩果酸等。此外乌梅还含有 20 种氨基酸类成分，以 β-谷甾醇、菜油甾醇等为主的甾醇类物质；具有多种药理功效的黄酮类物质；以醛类、醇类、芳香类化合物为主的挥发性物质以及多糖类物质等。

（三）果梅加工中存在的问题

虽然果梅开发潜力巨大、加工品众多，但我国果梅加工中仍然存在部分问题。首先，部分青梅加工产品缺乏适宜产品质量标准支撑。以青梅浸泡酒为例，国内多地的青梅主产区传承制作的青梅浸泡酒，按《露酒》（GB/T 27588—2011）要求，产品总酸（蒸馏酒为基酒，以乙酸计）≤6.0g/L，而多地产区检测值为 15.0～26.0g/L，远高于标准要求，如按标准判定则产品不合格，如把产品总酸下调至标准要求又不符合当地民族传统饮食习惯。因此，这一问题的解决，有依赖于产品企业标准、地方行业标准的协商制定。

其次，青梅加工技术装备整体相对落后。青梅初级加工技术占比大，缺乏精深加工、综合利用技术，有待创新突破。青梅加工制品企业自主创新能力弱，产品种类少、附加值低，未来迫切需求精准营养健康产品的开发。对此，需加强产学研联合研究，对青梅的保健功能有效成分深入挖掘，创制营养健康的新产品，在此基础上加大产业投入，提升整体水平。

最后，部分青梅加工品质良莠不齐。青梅的加工规模小，受利益所驱动，市面上部分青梅加工品质良莠不齐，在售的部分乌梅提取物存在掺假现象。青梅中主要有机酸为柠檬酸，其次是苹果酸和草酸，还含少量的酒石酸、乳酸、乙酸和琥珀酸，多种有机酸共同构成青梅特征有机酸谱。利用建立的青梅有机酸谱 HPLC 分析方法，分析不同青梅加工产品的有机酸谱，发现青梅在加工成不同产品过程中尽管总有机酸含量变化很大，但特征组成谱稳定，表明青梅有机酸谱可以用于表征青梅加工产品的质量，利用此方法即能识别青梅加工产品的掺假现象。

二、果梅在其他工业中的应用

（一）天然防腐剂

果梅中所含的有机酸具有很强的抑菌活性，其果实提取液对远缘链球菌（*S. sobrinus*）、缓症链球菌（*S. mitis*）等 15 种细菌的生长有抑制作用。不同浸提剂处理的果梅提取物的抑菌活性不同，不同品种果梅果实提取物的抑菌作用也略有不同。陈虹等（2008）发现青梅汁对金黄色葡萄球菌、大肠杆菌、枯草芽孢杆菌均有抑制作用，且其抑菌活性与所含的大分子化合物无关，其抑菌活性不受 pH 和温度的影响。Morimoto-Yamashita 等（2011）研究发现，青梅浓缩汁能抑制一些口腔细菌的生长、抑制变异链球菌产生的菌膜，从而防止龋齿，同时还有助于牙周炎的治疗。

果梅经熏制后制得的乌梅仍富含有机酸，也具备抑菌效力。乌梅提取物能诱导产生降解细菌细胞壁和细胞膜的酶，破坏菌体细胞壁和细胞膜，使细胞内容物渗出，增大电导率和胞外蛋白的含量，造成菌体不可恢复性损伤，从而失去代谢和增殖活性，同时乌梅提取物会干扰菌体蛋白的正常表达。吴周和等（2003）采用乌梅提取液作为防腐材料添加到饮料中，发现乌梅提取液对金黄色葡萄球菌、大肠杆菌、枯草芽孢杆菌、黑曲霉均有抑菌效果。将乌梅提取液应用于食品防腐工艺中已经取得了初步的成果：乌梅和甘草提取液配合成的天然防腐剂用于碳酸饮料防腐，保存三个月的效果完全达到国家标准，还略优于苯甲酸钠的防腐效果；乌梅水稀释液与壳聚糖配合使用，防腐效果优于目前面包中添加的防腐剂。

因此，无论是果梅鲜果还是熏制后的乌梅都含有丰富的有机酸，其提取液营造的低 pH 环境能有效抑制微生物的生长，适用于饮料、火腿、香肠等加工，且相比于传统香辛料等天然防腐剂，果梅风味清香、色泽浅黄，能够避免异味、杂色等问题，作为天然防腐剂使用将是食品添加剂领域的一大进步。

（二）抗氧化剂

果梅中所含的类黄酮、花青素等酚类物质具有良好的抗氧化性，其总抗氧化性是苹果的 4.4 倍。不同季节的果梅抗氧化性有差异，秋季成熟的果梅的抗氧化性强于夏季成熟的，后熟过程果梅抗氧化性增强。果梅的果皮和果肉都具有抗氧化性，果皮的抗氧化性比果肉更强。果梅中还含有丰富的超氧化物歧化酶，其总活力高达 5 415.74U/mg 蛋白，比活力为 25.34U/mg。采用化学模拟体系测定 6°Brix 果梅汁体外抗氧化作用，结果表明：总抗氧化能力为 362U/mL，强于 1.0mg/mL 的维生素 C、BHA 和 BHT，同时对 OH、O_2^- 及 DPPH 具有较强的清除能力，且可抑制 MDA 的产生和红细胞溶血（张慧敏，2015）。果梅果实不同极性组分的抗氧化性不一样，正丁醇萃取物总抗氧化活性最高，乙酸乙酯萃取物次之，果梅乙酸乙酯萃取物对花生油的抗氧化效果优于异烟酰胺，而果梅氯仿提取物对猪油和花生油的抗氧化效果均优于异烟酰胺和 BHT。

乌梅中所含的花青素和类黄酮类物质能清除自由基，具有明显的抗氧化溶血和抗肝菌浆脂质过氧化作用，其抗氧化性比维生素 C 和维生素 E 更好。Leheska 等（2010）分别将 5% 乌梅果酱和 10% 蓝莓果酱应用于早餐香肠中，结果表明，添加乌梅果酱的早餐香肠比添加蓝莓果酱的早餐香肠增加了多酚的含量。

近几年，国内外学者高度重视天然抗氧化剂的开发与研究，而国内对果梅抗氧化性的研究仍停留在试验阶段，今后可以深入研究、推广应用。

（三）脂肪替代品

果梅果肉中含有丰富的山梨醇和纤维素，在含水体系中模拟脂肪，可以改善肉制品结构、口感和保水性。国内还未曾见将果梅作为脂肪替代品添加到肉制品的报道，但是在国外，早在 1999 年美国农业部就批准果梅果泥可以应用在碎牛肉中，并在美国学校中推行，添加 3%～5% 果梅果泥到汉堡中能够保持汉堡中肉的持水性并增强口感。Gonzalez 等（2008）将 3% 乌梅果酱添加到猪肉早餐肠中，不仅降低了原有脂肪含量，同时还提高了烹饪率。Yildiz-Turp 等（2010）分别将 5%、10% 和 15% 果梅果酱作为脂肪替代品加入到牛肉饼中进行研究，结果表明：乌梅果酱浓缩度越高，牛肉饼中含水率越低，牛肉饼的质构越好。

因此，将果梅果肉作为脂肪替代品添加到肉制品中，不但能够减少摄入的脂肪量，还能赋予果梅的风味，使得质构剂和风味剂有效结合，其发展前途广阔。

（四）保鲜剂

果梅中的有机酸、黄酮类等活性物质具有广谱抑菌性和抗氧化作用，可以作为天然保鲜剂应用到果梅贮藏和肉制品中。耿飞等（2011）研究发现，用乌梅提取液浸泡鲜切皇冠梨工艺能够有效控制微生物的繁殖，维持鲜切皇冠梨一定的硬度和脆度，降低维生素和水分损失，降低多酚氧化酶的活性，减缓褐变发生。将壳聚糖与乌梅和其他香辛料复配物进行涂膜可显著降低青椒在贮藏过程中的腐烂，有效延长青椒的贮藏期，保持其营养价值。除了对果梅的保鲜作用，果梅提取物对肉制品的保鲜效果也十分可观。Lee 等（2005）将乌梅提取物加入到经辐照杀菌的火鸡片中，发现 2% 乌梅提取物能够有效控制辐照肉类的脂肪氧化，抑制非辐照肉制品中醛类物质的产生，不但不会影响火鸡片的质构性能，还会增加火鸡片的多汁性。

（五）生物香料

果梅还可以用于制备生物香料，将果梅通过生物降解、发酵、分段蒸馏等一系列的加工，最终加工成一种果梅生物香料。此方法能有效保留果梅原有香气成分，又能产生部分醇香的成熟香气，有效解决卷烟制品的粗刺，口感余味的问题，还能增加卷烟的香气，丰富卷烟香气韵调。加工过程中采用快速和低温浓缩，既能保证提取物的香气质量又节约了能源，同时筛选出高产的发酵菌种，使发酵更加完全，并缩短了发酵的时间，提升了产品的醇香的香气。

（六）天然着色剂

除了以上应用，果梅果皮色素还是一种天然的着色剂，其色泽呈黄绿色，吸光度、色差均理想，是优良的天然色素。果梅果皮中的色素成分主要是花青素，受 pH 和温度的影响较小，且在高压处理过程中十分稳定，加之果梅具有较强的抗氧化性，将其浓缩液作为功能性着色剂将会有良好的前景。果梅中的天然酸性物质能够在凝胶过程中提供氢键，形成聚合物，将果梅汁作为豆腐凝固剂应用于豆腐制作中，可以改善豆腐凝胶网络结构的均匀性和致密性。还有研究人员根据果梅酸甜口味开发果梅果冻、果糕、果片、软糖等休闲食品，不断为果梅的精深加工开辟新途径。

（七）其他应用

除了应用于食品工业方向，果梅果实浸提液还可作为抑菌剂，用于农业微生物病害防治领域，浸提液的制作选用成熟果梅果实的果肉榨成匀浆，加入有机溶剂浸提得到浸提液，将浸提液在低于 100℃温度下加热后离心，取上清液即得。由于果梅中含有丰富的有机酸等，使其具有抑菌性。

果梅还可添加在功能性保健食品中，果梅以酸著称，它含有大量的有机酸及丰富的维生素和无机盐。在传统中医学中，人们普遍认为果梅有驱虫止痢、促进消化、除热烦满、祛腐生肌、止烦渴等药理作用。现代研究也证明，果梅具有调节肠胃、生津止渴、消除疲劳、抗辐射、抗菌、保肝等保健功能。把果梅作为主要原料，获得国家批准的功能性保健食品有西瓜霜喉口宝含片、康寿乐酒、降糖粉珍等 9 个产品，涉及的保健功能有清咽润喉、抗疲劳、免疫调节、降血糖等，说明果梅具有的保健功能完全可以用以开发保健食品。果梅也可制成儿童保健冲剂，利用果梅具有的促进消化、促进生长发育的保健功能，配合维生素、矿物质、氨基酸等成分，开发出儿童保健冲剂，采用口感好、趣味性强的泡腾冲剂形式，产品效果确切，适合于广大少年儿童。果梅也可制成抗辐射、抗疲劳保健食品，利用果梅开发既能抗辐射、又能消除工作疲劳的功能性保健食品，具有很大的意义和前景。

果梅的副产品梅卤也可被开发利用，变废为宝。梅制品厂的加工下脚料高盐高酸的梅卤，一般废弃，流入农田，污染环境。其实梅卤含有果梅的主要功效成分，具有广谱抗菌作用，对肠道致病菌、百日咳杆菌、白喉杆菌等均有抑制作用，临床试验证明，配合其他中草药对咽喉炎、感染性口炎、口腔溃疡等都有治疗作用。在发达国家的饭店酒家，都有餐后的口腔清洁饮料供应，以梅卤为主要原料开发成口腔清洁饮料，是变废为宝、一举两得的好方法。

总之，果梅是我国特有的具有良好保健功能的资源，果梅的深加工及其保健功能的充分发挥，具有广阔的国内外市场前景。

三、果梅综合开发现状与趋势

果梅，自古以来便以其独特的药用与食用价值受到人们的青睐。据《本草纲目》记载，"梅花开于冬而熟于夏，得木之全气"，这是对果梅生长特性的高度概括。现代医学研究更进一步揭示了青梅的净化血液、敛肺止咳、整肠健胃、解毒抗菌、防癌美容等诸多功效，使得果梅在现代健康食品领域中的地位愈发凸显。

果梅全身都是宝，但目前除了果肉之外，果梅的非果部分包括花、枝、叶、核等尚未得到有效的开发利用，果枝、果叶和果核大量被废弃，造成自然环境的污染和资源的浪费。

目前对青梅的加工利用大多仍停留在盐渍半成品、蜜饯、饮料等传统产品层面，新产品如果糕、果茶片等具有保健功能的休闲食品和防腐保鲜、抗氧化及作为脂肪替代品方向的开发应用尚很滞后。

果梅营养丰富，还具有许多特殊保健功能成分，是儿童食品、老年食品、休闲食品、功能性保健食品及药品的绝佳原料，可从果梅深加工和保健功能方面出发，开发具有人体保健功能、符合消费习惯的深加工产品，大幅度提高果梅产业附加值，而且能满足国内外市场的需求，增加地方经济和果农的收入，具有广阔的国内外市场前景。

以青梅叶为例，老叶内氨基酸和有机酸的含量相对较高，嫩叶内单宁和总黄酮含量相对较高。老叶中氨基酸含量4.34%，嫩叶中氨基酸含量为3.81%，其含量显著高于一般茶鲜叶（1%～3%）；老叶中有机酸含量高达1.46%，嫩叶中含有机酸0.82%。有机酸在茶汤中呈现酸味，具有抑菌、消炎、抗病毒、抗癌、软化血管、助消化等多种功效，而一般的茶鲜叶中有机酸含量极少。

但果梅叶中的酚类物质含量较低，不适合加工成发酵茶类，建议借鉴绿茶工艺加工，通过蒸汽杀青工艺制作绿茶有助于去除青梅叶的苦味。另外青梅嫩叶中单宁和黄酮含量较高，分别为 1.28% 和 0.397%。单宁在茶汤中呈现苦涩味，收敛性强，黄酮类也呈现一定的苦涩味，因此为了减轻乌梅叶茶汤的苦涩味、调节茶汤的酸度，建议利用青梅嫩叶加工的类茶与罗汉果、甜叶菊等甜味物质制成拼配茶，同时也能提高青梅叶制品的营养价值。

四、达川乌梅产品开发案例

四川省达州市达川区乌梅种植历史悠久，是乌梅的原生资源地，境内原生乌梅资源丰富，拥有全国面积最大的乌梅原生资源林，达川乌梅先后获得国家农产品地理标志登记保护、生态原产地产品保护、绿色食品认证，达川区也先后荣获"中国乌梅之乡""中国乌梅名县"等多项殊荣。乌梅山位于达州市达川区百节镇，距达城 20 余 km，是国家地理标志性产品"达川乌梅"的原生地、"中国乌梅之乡"核心园区。

达川乌梅基原为蔷薇科植物梅，属于《中国药典》收载品种"耳梅"，其基原纯正，品种优良。达川乌梅果大、肉厚、酸度高，枸橼酸含量达 29.4%，居全国之首，高出《中国药典》标准近一倍，是标准的 GAP 制标品种。据《神农本草经》《本草纲目》等中医药药典记载，以乌梅入药的中药配方达 50 多种，目前以其枸橼酸为原料制成的中成药达 20 多种，具有敛肺止咳、涩肠止泻、生津止渴、安蛔驱虫、除风湿、抗肿瘤、消除疲劳、美容养颜等多种功效。此外，达川乌梅营养价值高，含有大量的蛋白质、脂肪、碳水化合物和多种无机盐、有机酸，是加工中药材、保健食品和药食同源开发的优质原料。

达川乌梅产业链条完整。具备从前端种植到后端深加工的完整产业链，并规划建设有乌梅小镇和乌梅山风景区。在果梅精深加工方面，园区企业通过建立乌梅烘干、酿制等初深加工生产线，开发出乌梅干、乌梅粉、乌梅丸、乌（青）梅酒、乌梅露等 20 余个产品系列，当地打造的"茶园山""川来蜀往""冯山林"等 7 个品牌的乌梅产品已进入全国的市场和消费者手中。同时当地政府加大乌梅系列食品开发的扶持力度，委托西南科技大学围绕乌梅苹果复合果丹皮、乌梅泡腾饮料片、乌梅番茄压片型糖果等新产品类型进行了开发和试生产。园区加工企业年加工处理鲜果 24 153t，转化成产成品乌梅酒、乌梅干（中药材）、乌梅饮料 9 377.5t，实现产值 12 691 万元（熊俊，2022）。

达川乌梅系列产品的层出不穷，离不开当地龙头企业不断增强的加工能力。达州冯山林食品有限责任公司现有乌梅酒原液储存罐 30 个，并继续规划扩大乌梅加工能力，提升乌梅酒加工水平。在加工技术方面，公司研发了乌梅酒发酵工艺技术，生产出"冯山林"系列青梅酒，并与达州市农科院签订了院企合作协议，改善青梅酒品质，研发团队还引进国内外果酒发酵新理念和技术，初步研制成功了青梅发酵酒新产品，满足果酒高端市场的需求。森浩新农业集团有限公司目前建有饮料、糖渍乌梅、盐渍乌梅、果脯果糕、果酒等5个精深加工车间和太阳能烘干房3座，开发的乌梅系列产品包括饮料、果酒、果脯、果糕、醋、青梅精等6大类150多个单品。

当地果梅龙头企业的影响力也在不断增强，如四川宜华酒业有限公司，现成长为川东地区以乌梅为原料加工系列乌梅果酒唯一的省级龙头企业，与西南大学、四川农业大学等院校建立了校企长期合作，着力推进科技创新，积极引进新技术，开发新产品，提升产品档次，"乌梅果酒及其制备方法"获国家发明专利，乌梅酒荣获"（2014）四川农业博览会参展产品特色产品奖"。2018年获得"省级农业产业化重点龙头企业"称号及"四川扶贫农特产品"标志。公司带动达川乌梅种植基地3万亩以上，带动农户1万余户，2021年户均增收2 780元以上。

（一）乌梅酒

达川乌梅酒采用发酵技术，保留乌梅的原有价值，15年精心研究，口感更佳，其中四川宜华酒业有限公司着力推进科技创新，积极引进新技术，开发新产品，提升产品档次，酒体香气四溢，保留果实原本颜色，口感酸甜清爽，饮后回甘通透。不添加香精、酒精、色素。采用特色古法发酵、酿制工艺、密封发酵、自然纯熟，封存365 d可得此佳酿（彩图4-1）。

（二）乌梅干

"梅实采半黄者，以烟熏为乌梅"，达川乌梅药用价值高，有效成分含量高，乌梅远销重庆、贵州、成都等地，电商业也已发展多年，线上销售利润可观。乌梅的品种很多，如果是入药用或做地道乌梅汤料，需要选择古法烟熏乌梅。达川乌梅产地加工多采用古法烟熏，其特点是果实棕褐色，肉质肥厚，自带褶皱，酸甜口感，清香淡雅，无添加剂（彩图4-2）。

（三）乌梅露

达川乌梅露通过365 d以上发酵乌梅浓缩汁精心酿制而成，口感酸甜、入口有乌梅果的回香，天然露、滴滴珍贵，拒绝添加剂（彩图4-3）。喝法：兑水稀释后饮用。

（四）乌梅花茶

达川乌梅花茶产品包含发酵乌梅干、玫瑰花、枸杞、甘草。发酵乌梅干中含有较多的苹果酸、草酸、琥珀酸、枸橼酸、延胡素酸等有机酸，能够中和食物在代谢过程中产生的酸性物质，从而帮助消除疲劳（彩图4-4）。我国中医指出，乌梅具有很好的"和肝气，养肝血"等功效。

（五）乌梅酥

达川乌梅酥精挑细选乌梅原材料，每一道食材都通过甄选，对于乌梅酥坚持无添加。纯手工制作，少了一些工整却多了一份自然（彩图4-5）。

—————— 参 考 文 献 ——————

陈铭中，钟旭美，刘和平，等，2017. 发酵青梅酒脱苦工艺的优化 [J]. 食品研究与开发，38（11）：114-118.

韩明，2007. 青梅果多酚提取及其与抗氧化相关性研究 [J]. 食品研究与开发，28（6）：31-34.

刘兴艳，蒲彪，刘云，等，2007. 大邑果梅基础营养成分含量的测定和研究 [J]. 食品研究与开发（6）：146-148.

林耀盛，刘学铭，李升锋，等，2015. 青梅腌制过程中的风味物质变化 [J]. 热带作物学报，36（8）：1530-1535.

念家华，郑秀丽，刘清培，2018. 高品质青梅精加工工艺的研究 [J]. 福建轻纺（2）：38-41.

潘惠慧，2007. 青梅有机酸组份及其抗结石功能研究 [D]. 杭州：浙江大学.

吴传茂，吴周和，陈士英，2000. 乌梅提取液的抑菌作用研究 [J]. 食品工业，21（3）：11-13.

杨颖，夏其乐，郑美瑜，等，2010. 青梅果醋的发酵工艺研究 [J]. 中国食品学报，10（4）：130-135.

郑新华，张憨，刘亚萍，2014. 青梅酒香气成分 GC-MS 分析以及降酸处理 [J]. 食品与生物技术学报，33（4）：432-437.

郑秀丽，2015. 青梅汁饮料的研制及其稳定性研究 [J]. 食品与发酵科技，51（3）：60-63.

Basanta M F, Marin A, De Leo S A, et al., 2016. Antioxidant Japanese plum (*Prunus salicina*) microparticles with potential for food preservation [J]. Journal of Functional Foods, 24：287-296.

Miyazawa M, Utsunomiya H, Inada K, et al., 2006. Inhibition of Helicobacter pytori motility by (+)-Syringaresinol from unripe Japaneseapricot [J]. Biol Pham Bull (29)：172-173.

Sriwilaijaroen N, Kadowaki A, Onishi Y, et al., 2011. Mumefural and related HMF derivatives from Japanese apricot fruit juice concentrate show multiple inhibitory effects on pandemic influenza A (H1N1) virus [J]. Food Chemistry, 127 (1)：1-9.

Xia D, Wu X, Shi J, et al., 2011. Phenolic compounds from the edible seeds extract of Chinese Mei (*Prunus mume* Sieb. et Zucc) and their antimicrobial activity [J]. LWT-Food Science and Technology, 44 (1)：347-349.

第五章　果梅分析检测技术

第一节　果梅品质指标检测

水果的品质指标主要分为外部品质指标和内部品质指标。外部品质指标主要包括色泽、形状、大小和外观质量，而内部品质指标主要包括糖度、酸度、质地和内部营养物质等，主要品质指标检测方法如下。

一、可溶性固形物含量

可溶性固形物含量（soluble solid content，SSC）主要是指可溶性糖类，包括单糖、双糖、多糖。果汁一般含糖量都在100g/L以上（以葡萄糖计），主要是蔗糖、葡萄糖和果糖，可溶性固形物含量可以达到9%左右。

在果梅的成熟过程中，可溶性固形物含量会直接反映其成熟程度和品质状况。伴随成熟过程，果梅可溶性固形物含量会逐渐增加，因此测定可溶性固形物含量可以衡量果梅成熟情况，以便确定适当的采摘时间。其次，在食品工业中，可溶性固形物含量是一个常用的技术和质量参数，能直接反映食品的质量、口感和品质。

果梅的可溶性固形物含量测定方式为《水果和蔬菜可溶性固形物含量的测定 折射仪法》（NY/T 2637—2014）：取果梅可食部分切碎、混匀，称取适量试样，放入高速组织捣碎机中捣碎，用两层擦镜纸或四层纱布挤出匀浆汁液，用手持糖量计测定样品的可溶性固形物含量，每组样品匀浆平行测定3次。

二、总酸含量

总酸（total acid number，TAN）含量是指食品中所有酸性物质的总量或最终能释放出的氢离子数量，是一个定数，包括已离解的酸浓度和未离解的酸浓度，采用标准碱液来滴定，并以样品中主要代表酸的百分含量表示。

对于一般果梅来说，酸的含量因成熟度、生长条件而异，通过对酸度的测定可判断果梅的成熟度。此外，果梅酸度较高，属高酸低糖食品，总酸可以鉴别果梅的品质、风味和稳定性，从而确保果梅的质量。

果梅的总酸测定方式为《食品中总酸的测定》（GB/T 12456—2021）：称取果梅试样 15g，准确至 0.01g，置于 150mL 带有冷凝管的锥形瓶中，加入 50mL 的 80℃去 CO_2 的水，混合均匀，置于沸水浴中煮沸 30min（期间摇动 2~3 次，以使得试样中有机酸能全部溶解在溶液中），取出冷却至室温，再用去 CO_2 的水定容至 250mL，接着用滤纸过滤，收集滤液用于测定。

根据预测酸度，用移液管吸取 25mL 样液到 250mL 锥形瓶中，加入酚酞指示剂（10g/L）3 滴，用 0.1mol/L 的氢氧化钠标准溶液滴定，至出现微红色，且 30s 内不褪色为终点，记下所消耗碱液的体积。测定 3 次取平均值。用同体积去 CO_2 的水代替试液做空白实验，并记录消耗标准碱液体积。总酸按下式计算：

$$X = \frac{c \times (V_1 - V_2) \times k \times F}{m} \times 1000$$

式中：X——试样中总酸含量，g/kg 或 g/L；

C——氢氧化钠标准溶液摩尔浓度；

V_1——滴定试样时所消耗的氢氧化钠标准溶液体积（mL）；

V_2——空白实验时所消耗的氢氧化钠标准溶液体积（mL）；

k——酸换算系数，以柠檬酸 0.064 计；

F——试液稀释倍数；

m——试样质量（g）；

1000——换算系数。

三、还原糖含量

还原糖（reducing sugar，RS）是指具有还原性的糖类。在糖类中，分子中含有游离醛基或酮基的单糖和含有游离醛基的二糖都具有还原性。还原性糖主要有葡萄糖、果糖、半乳糖、乳糖、麦芽糖等。果梅中可溶性糖可分为还原糖（包括各种单糖和麦芽糖）和非还原糖（主要是蔗糖）。还原糖具有醛基和酮基，主要来源于多糖类物质和其他一些大分子的降解产物。

还原糖还能为淀粉、纤维素、果胶质等大分子碳水化合物和核苷酸等多种物质的合成提供糖基供体，在测定果梅组织中的多种碳水化合物如总糖、淀粉、纤维素，多种酶如淀粉酶、纤维素酶、果胶酶和葡聚糖酶、糖苷酶时，都需要通过测定 RS 含量的方法测定这些物质含量或酶的活性。因此，RS 的测定在研究果梅生理生化代谢中具有重要意义。

果梅的 RS 测定方式为《水果及制品可溶性糖的测定 3,5-二硝基水杨酸比色法》（NY/T 2742—2015）：果梅中的还原糖在碱性条件下与 3,5-二硝基水杨酸共热后被还原生成棕红色的氨基化合物，在波长 540nm 处测定吸光度值。在一定浓度范围内，该氨基化合物的吸光度值与 RS 含量成正比，通过与标准系列比较定量。

标准曲线的绘制：用移液管分别准确吸取 0.0、0.2、0.4、0.8、1.0、1.2mL 的葡萄糖标准溶液于 6 支 10mL 具塞刻度试管中，加水使溶液体积补至 2.0mL，加入 4.00mL 的 3,5 -二硝基水杨酸试剂，置沸水浴中加热 5min。取出后，立即置冷水中冷却至室温，定容，摇匀。所得系列葡萄糖标准溶液浓度分别为 0.00、0.02、0.04、0.08、0.10、0.12mg/mL。用紫外分光光度计测定在 540nm 处的吸光度值。以葡萄糖浓度（mg/mL）为纵坐标（y），吸光度值为横坐标（x），绘制标准曲线。得到的拟合方程。

称取 10.00g 果梅匀浆试样，以水洗入 250mL 容量瓶中，再加入亚铁氰化钾溶液、乙酸锌溶液各 3mL，摇匀后定容，静置片刻后过滤得滤液。吸取 20mL 滤液至 100mL 容量瓶中，加水摇匀后定容。取此容量瓶中 1.00mL 稀释液到 10mL 具塞刻度试管中，加水 1.00mL，摇匀后按照标准曲线绘制步骤操作，记录测得吸光度值，再根据标准曲线拟合的公式，求得样液还原糖浓度 ρ。除不加试料外，采用完全相同步骤进行平行操作。试样中可溶性还原糖含量如下式计算：

$$X = \frac{\rho \times V_1 \times V_3 \times V_5 \times A}{m \times V_2 \times V_4 \times 10}$$

式中：X——试样中还原糖含量，质量百分数（%）；

　　　ρ——试样测定液中，还原糖的浓度（mg/mL）；

　　　V_1——样液定容体积（mL）；

　　　V_2——样液分取体积（mL）；

　　　V_3——分取样液定容体积（mL）；

　　　V_4——测定液吸取体积（mL）；

　　　V_5——测定样液体积（mL）；

　　　A——稀释倍数，含水量少的水果为 1；

　　　m——试样质量（g）；

　　　10——测定结果换算为质量百分数的转换系数。

四、黄酮类化合物

黄酮类化合物（flavonoids）广泛存在于自然界的植物中，属植物次生代谢产物。黄酮类化合物是以黄酮（2 -苯基色原酮）为母核而衍生的一类黄色色素，其中包括黄酮的同分异构体及其氢化和还原产物，即以 C6—C3—C6 为基本碳架的一系列化合物。黄酮类化合物在植物界分布很广，在植物体内大部分与糖结合成苷类或碳糖基的形式存在，也有的以游离形式存在。

果梅含有大量的抗氧化物质，黄酮就是其中一种，具有抑菌、提机体免疫机能、促进机体健康等功能。黄酮类化合物因酚羟基上的氢原子可与过氧自由基结合生成黄酮自由基，进而与其他自由基反应，从而终止自由基链式反应，提高动物机体抗氧化及清除自由基的能力。

果梅的黄酮类化合物测定方式可参照《枸杞中黄酮类化合物的测定》（NY/T 3903—2021）：果梅中的总黄酮（以芦丁计）经乙醇溶液提取后，在弱碱性条件下与铝盐生成螯合物，加入氢氧化钠溶液后显色，在波长508nm处测定吸光度值。在一定浓度范围内，该螯合物的吸光度值与总黄酮含量成正比，通过与标准系列比较定量。

标准曲线的绘制：分别吸取芦丁标准储备液（1mg/mL）0、0.05、0.10、0.20、0.30、0.40、0.50、0.60mL于10mL比色管中，加入4mL、70%无水乙醇，摇匀，然后加入 $NaNO_2$ 溶液0.5mL，摇匀；静置5min，加入 $Al(NO_3)_3$ 溶液，摇匀；静置5min，加入氢氧化钠溶液2.0mL，摇匀。最后用30%无水乙醇定容，得到浓度为0、5.0、10.0、20.0、30.0、40.0、50.0、60.0mg/L的标系工作液，在波长508nm处测定吸光度。以芦丁质量浓度 ρ（mg/L）为横坐标，相应的吸光度值 A 为纵坐标，绘制标准曲线，得到标准曲线回归方程。

称取解冻后果梅浆10.000 0g，准确至0.000 1g，加入70% 20mL无水乙醇混合均匀。在60℃水浴锅中震荡30min，4 000r/min，离心5min，将上清液用玻璃棒引流至50mL容量瓶，残渣加入20mL 70%无水乙醇，60℃水浴震荡30min，使用离心机进行离心4 000r/min，5min，将上清液倒入50mL容量瓶，用70%无水乙醇定容至容量瓶刻度线。用移液枪吸取1mL于10mL离心管加入4mL无水乙醇，静置5min，4 000r/min，离心5min。取上清液于10mL比色管备用。比色：加入50g/L亚硝酸钠0.5mL，摇匀；5min后加入100g/L硝酸铝0.5mL，5min后加入1mol/L NaOH，2mL，摇匀；使用30%无水乙醇定容至10mL比色管的刻度线，在508mm波长下比色，平行3次。空白：1mL70%无水乙醇加入4mL无水乙醇，后续按照试样比色步骤进行比色，计算公式如下：

$$\omega = \frac{(\rho - \rho_0) \times V_1 \times V_3}{m \times V_2 \times 1\,000}$$

式中：ω——果梅中总黄酮含量的数值（mg/g）；

ρ——从标准曲线上查得试样待测液中总黄酮的质量浓度的数值（mg/L）；

ρ_0——从标准曲线上查得空白待测液中总黄酮的质量浓度的数值

（mg/L）；

V_1——试样中加入并定容的提取溶液体积的数值（mL）；

V_3——试样的最终定容体积的数值，单位为（mL）；

m——试样的质量的数值（g）；

V_2——提取液分取体积的数值（mL）。

五、总多酚含量

总多酚含量（total phenol content，TPC）是指一种物质或混合物中所有酚类化合物的总含量，它包括多酚和单酚。在化学领域中，酚类化合物是一类含有一个或多个羟基基团的有机化合物。总多酚具有清除自由基，抗氧化衰老的作用，具有较高的营养价值和医疗保健作用，被广泛应用于化妆品、食品、医药等领域。植物性食物中常见多酚，其具有潜在促进健康作用的化合物，主要存在于蔬果、坚果、大豆、茶、可可、酒类之中。

果梅含有丰富的酚类物质，多酚含量约占 2.07%，具有很强的抗氧化活性。已有研究表明，果梅的多酚含量和抗氧化活性明显高于苹果、柑橘等常见水果。在食品领域，TPC 的测定可以用于评估食品的抗氧化性能，指导食品的加工和保存。

果梅的总多酚含量测定方式可参照《枸杞中总酚含量的测定》（T/NAIA 097—2021）：在碱性条件下利用多酚的还原性，多酚可以将磷钨酸钼酸还原成蓝色，蓝色深浅与多酚含量呈正相关，在 760nm 下测定吸光度值，可以根据标准曲线计算待测液中总酚浓度。

标准曲线的绘制：分别吸取没食子酸标系列浓度 0、2.5、5.0、10.0、20.0、40.0、60.0、80.0、100.0、120.0g/mL 各 1.00mL 于 25mL 刻度管中，加入 6.00mL 去离子水，1.0mol/L 福林-酚（Folin-Phenol）试剂 1.00mL，摇匀，放置 6min，再各加入 10.6% 的碳酸钠溶液 4.00mL，摇匀，室温静置 60min，用去离子水稀释至刻度，摇匀，在 760nm 处测定吸光度。以浓度 x（g/mL）为横坐标，吸光度 A 为纵坐标，绘制标准曲线，得到标准曲线回归方程。

准确称取 5.00g 果梅浆液至 50mL 离心管中，加入 30mL 70% 无水乙醇溶液，然后进行超声提取 90min，在超声过程中进行振摇数次，从而促使固相完全分散。使用离心机在 4 000r/min、5min 的条件下对提取液进行离心，样液备用。取试样提取液 5mL 稀释 10 倍。然后将配制好的样品稀释液 1.00mL 倒入 25mL 刻度试管内，加入 6.00mL 去离子水，1.0mol/L Folin-Phenol 试剂 1.00mL，摇匀，放置 6min，然后各加入 10.6% 的碳酸钠溶液 4.00mL，摇匀，室温条件下放置 60min，用超纯水稀释至刻度，摇匀，在 760nm 处测定吸光度。根据标准曲线计算待测液中总酚浓度。同一样品平行测定两次。空白试验除不加试样外，均按上述步骤进行操作，计算公式如下：

$$X = \frac{(C - C_0) \times V \times f}{m \times 1000}$$

式中：X——果梅中总多酚的含量（mg/g）；

C——样品中总多酚的浓度（g/mL）；

C_0——空白中样品中总多酚的浓度（g/mL）；

m——称取样品的质量（g）；

V——提取液体积；

f——稀释倍数。

六、丙二醛

丙二醛（malondialdehyde，MDA）是细胞膜脂过氧化作用的产物之一，它的产生还能加剧膜的损伤。因此，丙二醛产生数量的多少能够代表膜脂过氧化的程度，也可间接反映植物组织的抗氧化能力的强弱。通常用膜脂质过氧化产物即丙二醛来表征和测量，其含量的多少能直接反映细胞质膜过氧化水平。

植物体遭受逆境胁迫时会产生大量的超氧自由基，使膜脂质发生过氧化反应，产生丙二醛。丙二醛的过量积累会引起蛋白质、核酸等生命大分子的交联聚合，导致细胞膜的结构和功能发生改变。因此，膜脂质过氧化反应是植物细胞膜受损的一个重要标志，在果梅贮藏、衰老生理和抗性生理研究中，丙二醛含量是一个常用指标。

果梅的丙二醛含量测定方式为《食品安全国家标准 食品中丙二醛的测定》（GB 5009.181—2016）：果梅在成熟过程中产生的丙二醛经三氯乙酸溶液提取后，与硫代巴比妥酸（TBA）作用生成粉红色化合物，测定其在532nm波长处的吸光度值，与标准系列比较定量。

称取样品5g，精确到0.01g，置入100mL具塞锥形瓶中，准确加入50mL三氯乙酸混合液，摇匀，加塞密封，置于恒温振荡器上50℃振摇30min，取出，冷却至室温，用双层定量慢速滤纸过滤，弃去初滤液，续滤液备用。准确移取上述滤液和标准系列溶液各5mL分别置于25mL具塞比色管内；另取5mL三氯乙酸混合液作为样品空白，分别加入5mL硫代巴比妥酸（TBA）水溶液，加塞，混匀，置于90℃水浴内反应30min，取出，冷却至室温。以样品空白调节零点，于532nm处1cm光径测定样品溶液和标准系列溶液的吸光度值，以标准系列溶液的质量浓度为横坐标，吸光度值为纵坐标，绘制标准曲线。试样中丙二醛含量以下式计算：

$$X = \frac{c \times V \times 1000}{m \times 1000}$$

式中：X——试样中丙二醛含量（mg/kg）；

　　　c——从标准系列曲线中得到的试样溶液中丙二醛的浓度（μg/mL）；

　　　V——试样溶液定容体积（mL）；

　　　m——最终试样溶液所代表的试样质量（g）；

　　　1000——换算系数。

七、质地

质地（texture）一词最早是指材料的结构特性和织物的编织组织等情况的概念。但随着对食品物性研究的深入，人们对食品入口、接触、咀嚼以及吞噬时的印象，即对美味口感，需要有一个专业术语的表现，于是就用了"质地"这一词语。关于质地的定义，国际标准化组织（International Standardization Organization，ISO）对食品的质地定义是：食品被感觉器官能通过触觉、视觉、听觉、味觉所感受到的所有流变学和结构学上的属性。质地分析可检测不同食品的硬度、脆性、弹性、回弹力、黏合性、黏结力、黏稠度、弯曲能力、破裂/断裂力、酥脆性、脆度、咀嚼性、胶黏性、拉伸强度、延展性等。质构仪可以准确检测食品样品随时间变化的位置和重量从而给出样品的物性特征。力的数据储存在表格里并且曲线显示。

质地影响食品食用时的口感质量、食品的加工过程以及食品的风味特性。质构与食品的稳定性也有关。一个食品体系中，若发生相分离，则其质构一定很差，食用时的口感质量也很差。此外，质构也影响果梅的颜色和外观，虽然是间接的影响，但也确实影响果梅的颜色、平滑度和光泽度等性质。

果梅的质构分析方法为：每组质构测定选取 6 个解冻后的果梅，单果采用 SMS-TA. XT Plus 质构仪测定果梅赤道上的 3 个点，两点接近 120°转角，选择质地剖面分析（texture profile analysis，TPA）模式进行硬度测试。用 C100 型探头对整果进行测试，测试前速度为 1.00mm/s，测试速率为 0.50mm/s，测试后速度为 1.00mm/s，应变 10.0%，时间 5.00s，触发模式自动（力），触发力 0.100 N。

八、色差

色差（chromatic aberration，CA）可以提供一个关于颜色和亮度的量化数据。色差值一般评价颜色的差别，用 ΔE 表示。色差值的计算由 L、a、b 值综合计算得出。L 表示亮暗，a 表示红绿，b 表示黄蓝。在食品工业中，色差分析被广泛使用于质量检测、包装检查以及产品检验等方面。

色差值能够精确地表示果梅从早熟期到新鲜状态再到腐败变质过程中的色泽变化情况。此外，色差值还可以帮助确定其他一些影响因素，如温度、湿度等对其色泽造成的影响。

果梅的色差分析方法为：使用 LS‐172 色差仪分别测定果梅成熟过程/贮藏过程/加工过程的 L 值、a 值、b 值，可用 L、a、b 色系表示两种色调的差值，即色差，用 ΔE 表示，可按照下式计算：

$$\Delta E = \sqrt{(L-L^*)^2 + (a-a^*)^2 + (b-b^*)^2}$$

第二节　果梅品质无损检测技术

水果无损检测是指通过使用各种技术手段，对水果进行非侵入性或最小侵入性检测，以评估其质量、成熟度、内在缺陷和安全性。水果品质的传统检测技术通常需要对水果进行破坏性采样或测试，而无损检测技术不需要物理接触或破坏水果，因此能够保持水果的完整性。此外，无损检测技术通常可以在较短的时间内对大批水果进行检测，而传统方法往往需要较多时间和人力资源，这提高了检测效率，有助于水果品质的保证。水果无损检测有助于减少水果在运输、储存和销售过程中的损耗，提高消费者的满意度。随着人们对食品质量和安全性的要求越来越高，水果无损检测技术十分必要。

本节介绍以近红外光谱检测技术、机器视觉检测技术等为代表的多种水果无损检测技术，并简要介绍其分别在果梅、李、桃等核果类水果中无损检测的应用。

一、近红外光谱检测技术

水果近红外光谱检测技术是一种利用近红外（NIR）光谱学原理来评估水果质量、成熟度和化学成分的非侵入性分析方法。该技术通过测量水果样品在近红外光谱范围内的吸收和反射光谱，然后分析光谱数据以获取关于水果的信息。

近红外光（near infrared，NIR）是介于可见光和中红外光之间的电磁波，是指波长在 780~2 526nm 范围内的电磁波，习惯上又将近红外区划分为近红外短波（780~1 100nm）和近红外长波（1 100~2 526nm）两个区域。近红外光谱属于分子振动光谱的倍频和主频吸收光谱，主要是由于分子振动的非谐振性使分子振动从基态向高能级跃迁时产生的，具有较强的穿透能力。近红外光主要是对含氢基团 X—H（X = C、N、O）振动的倍频和合频吸收，其中包含了大多数类型有机化合物的组成和分子结构的信息。由于不同的有机物含有不同的基团，不同的基团有不同的能级，不同的基团和同一基团在不同物理化学环境中对近红外光的吸收波长都有明显差别，因此近红外光谱可作为获取信息的一种有效的载体。近红外光照射时，频率相同的光线和基团将发生共振现象，光的能量通过分子偶极矩的变化传递给分子；而近红外光的频率和样品的振动频率不相同，该频率的红外光就不会被吸收。因此，选用连续改变频率的近红外光照射某样品时，由于试样对不同频率近红外光的选择性吸收，通过试样后的近红外光线在某些波长范围内会变弱，透射出来的红外光线就携带有机物组分和结构的信息。通过检测器分析透射或反射光线的光密度，就可以确定该组分的含量。

近红外光谱检测技术利用近红外光在水果表面或通过水果时与水果内部的分子相互作用，不同化学成分，如水分、糖分、酸度、纤维素等，会吸收或散射近红外光的不同波长，光谱仪器测量并记录这些光谱特征，然后使用数学模型将其与水果质量和成分之间建立关系。

Costa 等（2013）对采用近红外光谱技术采集了李在 714～2 500nm 范围内的光谱。李样品的可溶性固形物（SSC）含量为 5.7%～15%，pH 为 2.72～3.84。比较了区间偏最小二乘法（iPLS）、遗传算法（GA）、连续投影算法（SPA）和有序预测变量选择（OPS）等几种预处理数据和变量选择算法等多变量标定技术。SSC 和 pH 的验证模型的相关系数（R^2）分别为 0.95 和 0.90，预测均方根误差（RMSEP）分别为 0.45 和 0.07，证实了近红外光谱可以作为一种无损技术来测定李中的 SSC 和 pH。

Scalisi 等（2021）采用商用 Vis/NIR 光谱仪在收获时测定油桃、桃、杏和日本李中可溶性固形物含量（SSC）、干物质含量（DMC）和果肉硬度（FF）。结果表明，偏最小二乘回归（PLS）模型基于 729～975nm 光谱区域中吸光度的二阶导数对 SSC 和 DMC 的预测是准确的（$R^2_{CV} > 0.750$），但对果肉硬度 FF 预测结果较差（$R^2_{CV} < 0.750$）。该研究证明了 Vis/NIR 光谱仪在收获时监测核果中 SSC 和 DMC 是可行的。

贡东军等（2015）选取了 3 个不同成熟期（绿熟、半红熟和红熟）的李果实样品建立坚实度指标的近红外检测模型。比较了最小二乘支持向量机（LS-SVM）和偏最小二乘法（PLS）两种建模算法对李果实坚实度指标的建模结果。结果显示，LS-SVM 模型的校正相关系数、校正和预测均方根误差分别可达 0.989 及 1.31、1.84。与以往研究文献相比，获得了较为理想的预测精度和稳定性能。研究结果表明，最小二乘支持向量机算法结合偏最小二乘法提取的潜在变量作为输入变量，可以用于李果实坚实度近红外定量模型。

二、机器视觉检测技术

机器视觉检测技术是一种利用计算机视觉和图像处理技术来检测和评估水果质量、成熟度和外观的方法。这项技术在水果产业中得到广泛应用，有助于提高生产效率、减少损失和确保产品质量。

　　机器视觉系统使用摄像头或传感器来捕获水果的图像。这些图像可以是水果的表面照片或 X 光成像,具体取决于所需的信息。捕获的图像会经过图像处理算法,用于去除背景噪声、增强图像质量、分割水果与背景、检测缺陷、分析颜色、形状和纹理等特征。机器视觉系统会提取水果图像中的特征,如颜色、大小、形状、表面缺陷等,这些特征用于后续的分析和决策。机器学习算法和模型被用于分析提取的特征,用来评估水果的质量、成熟度和外观。这些算法可以基于事先建立的模型来进行分类、分级或检测缺陷。根据数据分析的结果,机器视觉系统可以采取自动控制措施,例如将水果分类、分级、拒绝次品或将其转移到适当的位置。机器视觉技术主要应用包括:①外观评估。机器视觉用于评估水果的外观质量,包括大小、形状、颜色、表面瑕疵、划痕等。②成熟度检测。通过颜色和纹理分析,机器视觉可以确定水果的成熟度。③缺陷检测。机器视觉可用于检测水果表面的缺陷,如瘤、腐烂或虫害。④包装和分选。机器视觉系统可用于自动化水果的包装和分选,提高生产效率。

　　Zhou 等(2022)根据果梅表面缺陷,将果梅分为腐烂、裂纹、疤痕、雨斑和正常五类。利用自建图像采集装置,共获取了 1 235 张果梅图像。在 WideResNet 模型的基础上建立 WideRes Net50-AdamW-Wce 模型,对果梅表面缺陷进行分类。选取准确率、召回率和 F1-measure 作为评价分类准确性的指标。分类准确率达到98.95%,其中雨斑、正常、疤痕、腐烂、裂纹分类准确率分别达到100%、99.56%、98.59%、98.25% 和 96.10%。比较 ResNet50-SGD、WideResNet50-SGD、WideResNet50-SGD-wce 和 WideResNet50-AdamW 网络模型的性能,基于 WideResNet50-AdamW-wce 的 F1-Measure 在各缺陷识别中表现最好。检测结果可以满足果梅深加工企业的生产需求——评价流水线上果梅每小时 1 800 个。

　　Sarigu 等(2017)采用图像分析技术研究了 23 个撒丁岛李属品种的内果皮变异性。使用专门开发用于测量形态色度内果皮特征的宏来获取和分析数字图像,数据采用逐步线性判别分析(LDA)进行统计处理,以实现能够对每个品种进行分类并识别的统计分类器。研究证实了图像分析技术在分类调查以及保护李和提高消费者满意度的等方面的作用。

三、高光谱成像检测技术

　　水果高光谱成像检测技术是一种应用高光谱成像仪器来获取水果表面的光谱数据和图像,以评估水果的质量、成熟度、品种鉴别以及检测表面缺陷和污染物的方法。

　　高光谱图像就是在光谱维度上进行了细致的分割,不仅仅是传统所谓的黑、白或者 R、G、B 的区别,而是在光谱维度上也有 N 个通道。因此,通过高光谱设备获取到的是一个数据立方，不仅有图像的信息，并且在光谱维度上进行展开，结果不仅可以获得图像上每个点的光谱数据，还可以获得任意一个谱段的影像信息。高光谱成像技术是基于非常多窄波段的影像数据技术，它将成像技术与光谱技术相结合，探测目标的二维几何空间及一维光谱信息，获取高光谱分辨率的连续、窄波段的图像数据。

高光谱成像技术融合了传统的成像和光谱技术的优点，可以同时获取被检测物体的空间信息和光谱信息，因此该技术既可以像检测物体的外部品质，又可以像光谱技术一样检测物体的内部品质和品质安全。已经有大量的基于高光谱成像技术检测水果和蔬菜品质与安全的研究。

Liu 等（2021）研究了一种基于高光谱成像技术的果梅快速无损检测方法。为了进一步提高果梅酸度的预测精度，开发了一种新的高光谱成像系统，提出了核主成分分析-线性判别分析-极端梯度增强算法（KPCA-LDA-XGB）模型对果梅酸度进行预测。KPCA-LDA-XGBoost 模型是一种结合极端梯度增强算法（XGBoost）、核主成分分析（KPCA）和线性判别分析（LDA）的监督学习模型。实验结果表明，KPCA-LDA-XGBoost 模型对果梅的酸度预测效果较好，预测集的相关系数为 0.829，均方根误差（RMSE）为 0.107。与基本的XGBoost 模型相比，KPCA-LDA-XGB 模型的相关系数提高了 79.4%，RMSE 降低了 31.2%。

陆丹丹等（2017）利用基于 AOTF 的可见-近红外高光谱成像系统采集了果梅样本的光谱图像，并对其进行多种预处理，比较了偏最小二乘法（PLS）和径向基函数神经网络算法（RBF）在果梅成分品质预测建模中的性能。研究表明，PLS 回归模型的区域预测性能优于 RBF 模型。基于预测均值、预测范围、先验知识三个方面评价像素预测精度的方法可行，对果梅的精深加工及预测可视化水平具有重要意义。

四、声学分析检测技术

声学振动检测技术是一种利用水果的声学振动特性进行水果品质无损检测的技术。水果的声学振动特性是指水果在声波或振动波作用下的反射特性、散射特性、透射特性、吸收特性、衰减系数、传播速度及其本身的声阻抗与固有频率等，它们反映了声波和振动波与水果相互作用的基本规律。

采用声学振动技术进行水果品质检测时，通常包括激励模块、信号采集模块和信号分析处理模块几个部分。检测时，由激励模块使被测物料产生振动，然后再由信号采集模块对被测物料的振动响应信息进行采集并送至信号分析处理模块处理，从而提取振动特征参数建立品质指标的预测模型。根据声学振动检测技术的特点，声学振动检测法主要用于与农产品结构特性相关的品质指标检测。现有声学振动检测法的研究包括了水果质地/成熟度检测、最佳收获期/食用期评估、内部缺陷等方面。

Kawai 等（2018）采用声波振动法对采收的桃果裂核进行无损检测。利用果实裂核指标的第三共振频率（f_3）与第二共振频率（f_2）之比（f_3/f_2）值可以准确预测桃果裂核发生的时间，并且可以将裂核不需要的果实与树上正常的果实区分开来，证明了该方法可以用于检测未采摘桃果的裂核。

Terasaki 等（2006）采用激光多普勒振动仪（LDV）技术对梨果实的成熟行为进行了监测，并建立了一个倒数模型来模拟不同低温贮藏期梨果实的成熟过程。LDV 研究分析表明，在贮藏后的成熟期，这些果实的弹性指数呈不规则的变化。提出了一种归一化曲线，比较了不同初始弹性指标的梨在不同贮藏期的衰减。由于果肉弹性指数的变化反映了细胞壁结构和细胞膨胀的特征。因此证明了完整果实的 LDV 测量可能是一种有用的方法，可以非破坏性地探索与成熟相关的果实细胞壁代谢变化的进展。

五、电子鼻检测技术

电子鼻检测技术是一种通过模拟动物嗅觉功能对目标物气味组分信息进行检测分析的一种技术手段，具有操作简便、高通量、实时无损检测等特点。该技术早在环境检测、化妆品、食品安全及医学等领域发展成熟，电子鼻检测设备通常由采样系统、传感器阵列、信号预处理系统、模式识别系统和气味表达程序 5 部分构成。其中电子传感器组件是电子鼻识别气体成分的核心部件，当被测气体与传感器接触后，被测气体与气敏元件发生氧化还原反应导致电导率、电阻值改变产生电信号，通过传感器处理会生成被测气体的指纹图谱。下一步是对特征图谱进行分析提取，进而达到对目标气体成分的定性或定量检测。近年来，电子鼻技术逐渐成为果蔬品质无损检测的重要手段，主要用于检测果蔬新鲜度和成熟度以及腐败情况，此外也有通过香气对产地进行溯源的研究。

杨亚滟等（2023）分别以烟熏乌梅、热风干燥乌梅及烘干乌梅为研究对象，采用电子鼻、电子舌和气相色谱-质谱联用技术（GC-MS）对其挥发性成分进行分析。电子鼻结果可完全区分不同加工而成的乌梅，其所在风味上具有相似性。电子舌数据结合主成分分析发现不同加工方法的乌梅在滋味品质上存在差异，且酸味作为乌梅滋味的代表。采用 GC-MS 共鉴定出 63 种挥发性成分，包括醇类、酚类、醛类、酸类、酯类化合物以及烃类等其他类化合物，且含量各不相同，其中酯类化合物在烟熏乌梅中水平普遍较高，其次为热风干燥乌梅，烘干乌梅。通过 GC-MS 结合电子鼻、电子舌等电子感官技术，可以很好地区分不同干燥方式处理的乌梅，进而为乌梅的加工方式选择及产品加工提供理论参考。

Yang 等（2020）以黄桃中挥发性物质（VOCs）为基础，应用电子鼻技术对黄桃压缩损伤程度进行无损预测，对受损果实进行判别，并预测损伤后的时间。对不同损伤时间的试样所建立的模型进行了比较。结果表明，在损伤后24h，对损伤果实的识别正确率为93.33%，对压缩损伤程度和损伤后时间的剩余预测偏差分别为 2.139 和 2.114。电子鼻和气相色谱-质谱联用分析结果表明，压缩后的挥发性有机化合物发生了变化。研究证明电子鼻是检测黄桃压缩损伤的理想选择。

Wei 等（2018）研究了自主开发的手持式电子鼻仪器用于无损地获取桃果在冷链挥发性物质，然后检测桃果中的腐烂。采用台式电子鼻仪进行比较。采用偏最小二乘判别分析和最小二乘支持向量机（LS-SVM）对桃果腐烂进行分类。采用偏最小二乘回归和（LS-SVM）预测贮藏天数。采用逐次投影法（SPA）、无信息变量消去法（UVE）、无信息变量消去法（UVE-SPA）和竞争性自适应重加权采样法从电子鼻数据中选择特征变量。手持式电子鼻仪对冷链腐烂水果分类的最佳模型预测正确率为95.83%（健康样品为94.64%，腐烂样品为100.00%）。手持式电子鼻仪预测桃果冷链贮藏天数的最佳模型预测偏差值为9.283。结果表明，自行研制的手持式电子鼻系统是一种简便、无损的桃果冷藏腐烂检测工具。

六、介电性质分析检测技术

基于介电常数的水果质地检测原理是根据生物分子中束缚电荷对外加电场的响应特性，来反映水果内部的品质变化，进而与质地指标建立联系。已有学者利用该方法建立了水果果实的阻抗、电感和电容与果实品质相关关系。但是基于介电特性的水果无损检测还没有到实际应用阶段，该技术受温度、电容器的边界效应、果体的个体形状差异等影响，检测精度和效率仍然受到很大的限制。

商亮等（2013）采用矢量网络分析仪测量了贮藏期间，300 个油桃在20～4 500MHz 频率下的相对介电常数和介电损耗因子，以糖度作为内部品质指标，建立了预测油桃糖度的偏最小二乘、支持向量机及极限学习机模型，并综合比较了采用全频谱以及利用无信息变量消除法和连续投影算法分别提取的特征变量作为各模型输入变量时，对各模型拟合效果的影响。结果表明：连续投影算法结合极限学习机预测效果最好（预测相关系数为 0.887，预测均方根误差为0.782）；与全频谱和无信息变量消除法相比，连续投影算法在简化模型及提高模型稳定性方面性能良好。该研究结果表明，基于油桃介电特性无损检测糖度是可行的，可为应用介电特性无损检测果品的内部品质指标提供了一种新方法。

谷静思等（2014）以不同品种的桃和油桃为研究对象，应用矢量网络分析仪（同轴探头技术）与傅里叶变换近红外漫反射光谱仪，测量了25℃下，桃和油桃在20M～4.5GHz下的介电参数值和800～2 500nm的吸光度，同时测量了所用样品的品质指标（可溶性固形物含量、含水率、硬度和pH），采用主成分分析法（PCA）、连续投影算法（SPA）和无信息变量消除法（UVE）从介电频谱和近红外光谱的全谱中提取特征变量，分别建立了预测品质和品种的最小二乘支持向量机（LSSVM）、极限学习机（ELM）和误差反向传播网络（BP）模型；综合、系统地比较了介电频谱和近红外漫反射光谱在无损预测桃和油桃品质方面的优劣。

七、核磁共振检测技术

核磁共振（nuclear magnetic resonance，简称 NMR）技术是基于原子核磁性的一种技术，20 世纪中期由荷兰物理学家 Coveter 最先发现，后由美国物理学家 Bloch 和 Purell 加以完善。NMR 是研究原子核对射频辐射的吸收，它是对各种有机和无机物的成分、结构进行定性分析的最强有力的工具之一，可进行定量分析。

弛豫时间曲线图谱通常用于描述物理或化学系统中，当外部扰动停止后，系统恢复到平衡态所需的时间变化。不同的系统和应用背景下，弛豫时间曲线图谱可能具有不同的形状和特征。NMR 技术不仅可快速定量分析检测样品，对样品不具破坏性，而且简便、灵敏度高；另外，利用该技术还可在短时间内同时获得样品中多种组分的弛豫时间曲线图谱，从而能准确地对样品进行分析鉴定。它的应用很广泛，例如在食品加工中，可用于测定物料的温度和水分含量及状态；在水果无损检测中，可用于水果的分级和内外部品质鉴定。

Zhu 等（2021）分别在50、60、70、80℃条件下对果梅进行干燥，研究果梅干燥过程中内部水分的动态变化。利用低场核磁共振（LF-NMR）研究了李子在 T 弛豫谱上的动态变化，而磁共振成像（MRI）提供了整个过程的可视化。随着干燥时间的增加，李子损失的水分之间呈负相关（$p < 0.05$）。主成分分析结果表明，干燥温度对样品内部水分释放有显著影响，可能影响果梅的品质。LF-NMR 是一种快速、方便、可行的监测果梅干燥过程中水分变化的技术。

唐荣伟等（2018）在25℃下采用标准的预饱和脉冲序列（ZGPR）压制水峰建立 10 批不同来源乌梅药材的氢核磁共振（^{1}H-NMR）指纹图谱，通过加标准品定性试验、数据库比对和相关文献比对进行信号归属，采用相关系数法计算 10 批不同来源乌梅药材[1]H-NMR 指纹图谱的相似度，并采用主成分分析

（PCA）法进行药材的质量评价。结果表明，从乌梅药材中同时检测出 19 种化合物，包括绿原酸、柠檬酸、丁二酸、乙酸、丙氨酸、缬氨酸、γ-氨基丁酸等。其中，乙酸、γ-氨基丁酸和丁二酸为首次从乌梅药材中检测到。10 批乌梅药材指纹图谱的相似度均大于 0.9，平均为 0.974。PCA 结果显示，前两个主成分的累积贡献率为 90.3%，与相似度评价结果基本一致。建立的 ^{1}H-NMR 方法具有整体性和分析快等优点，可为乌梅的质量控制和功效物质的全面检测提供参考。

无损检测技术相较于传统的有损检测技术来说，不破坏被测样本，不造成浪费，对大规模和要求高效率的检测场合非常必要。随着人们生活水平的提升，人们对水果品质要求也在不断提高；另外，为了提高我国水果在出口贸易中的竞争力，必须采用无损检测技术实现水果的准确和高效的分级分选。

第三节　果梅风味分析方法

风味是果梅重要的感官属性，不仅能反映出果实的成熟度、整体香气特征以及质量品质特性，也是消费者接受程度的重要考虑因素。

一、挥发性风味物质的提取方法

目前，水果风味物质的检测提取方法主要有固相微萃取法（solid-phase microextraction，SPME）、同时蒸馏萃取法（simultaneous distillation extraction，SDE）、微波辅助萃取法（microwave-assisted extraction，MAE）及其他萃取方法等。

（一）固相微萃取法

固相微萃取法是检测食品中挥发性风味物质较常用的提取方法，主要分为直接萃取法（direct immersion solid-phase microextraction，DI-SPME）和顶空固相微萃取法（headspace solid-phase microextraction，HS-SPME）。两者区别是纤维头的位置不同。直接萃取法（DI-SPME）是指将萃取头直接插入到样品基质中进行萃取，适用于对液体样品和半挥发性气体的萃取；顶空固相微萃取（HS-SPME）是指样品置于顶空瓶内，再将萃取头置于样品瓶顶空部分进行萃取的方法，适用于对复杂样品中的挥发性和半挥发性目标物的萃取。但在相同的实验条件下，HS-SPME 法比 DI-SPME 法更易达到平衡时间。

（二）同时蒸馏萃取法

同时蒸馏萃取法（SDE）是在 20 世纪 60 年代发展起来的挥发性风味物质

提取新技术，它是根据相似相溶原理，将水蒸气蒸馏与溶剂萃取相结合的一种方法，常用于样品中半挥发性和挥发性风味物质的提取。同时蒸馏法具有操作简单、重复性好、所需样品量少等优点，常与固相微萃取作为比较应用于食品检测分析中。

（三）微波辅助萃取法

微波辅助萃取法（MAE）最初是由 20 世纪 80 年代匈牙利学者 Ganzler 等人提出来的，其原理是根据不同物质对微波的吸收度不同，通过加热微波使萃取体系中的某些组分被选择性地加热萃取出来。微波辅助萃取法具有选择性高、萃取效果好、消耗溶剂少等特点，一般在固体样品中的预处理中得到了较为广泛的应用。

（四）其他提取方法

此外，超临界流体萃取法（supercritical fluid extraction，SFE）、溶剂辅助蒸发法（solvent-assisted flavor evaporation，SAFE）、热脱附法（thermal desorption）等也是提取食品中挥发性风味物质较常用的方法。超临界流体萃取法（SFE）是指以 CO_2 为介质的萃取技术，是国际上较为先进的物理萃取技术。我国早在 1981 年开始对 SFE 技术进行研究，因其选择性分离好、萃取效率高、无残留溶剂等特点，目前已广泛应用于工业、食品、医学、药学和环境等领域。溶剂辅助蒸发法（SAFE）提取挥发性风味物质相对温和，它的原理是指在接近室温和中高真空的条件下，利用水或其他有机溶剂辅助挥发性风味物质快速蒸发，同时分离和除去难挥发的物质，但因其操作较为复杂，在应用上较为有限。热脱附法是将复杂基质中的挥发性风味物质提取出来再进行浓缩，以用于气相色谱-质谱分析的一种萃取方法。该方法样品前处理操作简单，但往往操作成本较高。每种提取方法各有其优缺点，需要我们根据实验的具体情况，选择最适合的提取方法。

二、挥发性风味物质的检测技术

要想得到样品挥发性化合物的具体信息，样品经前处理后，还需对其挥发性风味物质进一步检测、鉴定。鉴定分析结果直接决定研究的准确性，选取合适的检测技术是鉴定风味物质的关键。常见的风味分析方法有色谱技术，包括气相色谱（gas chromatography，GC）和液相色谱（liquid chromatography，LC），质谱技术（mass spectrometry，MS）、核磁共振技术（nuclear magnetic resonance spectroscopy，NMR）、电子鼻、电子舌等。

（一）气相色谱技术

气相色谱是一种广泛用于分析和检测化合物的分离技术，其原理是基于物质在气相和液相之间分配的差异，以实现分离和检测目标化合物。待分析样品在气化室气化后被惰性气体带入色谱柱，柱内含有液体或固体固定相，由于样品中各组分的沸点、极性或吸附性能不同，每种组分都倾向于在流动相和固定相之间形成分配或吸附平衡。但由于载气是流动的，这种平衡实际上很难建立起来。也正是由于载气的流动，使样品组分在运动中进行反复多次的分配或吸附/解吸附，结果是在载气中浓度大的组分先流出色谱柱，而在固定相中分配浓度大的组分后流出。当组分流出色谱柱后，立即进入检测器。检测器能够将样品组分转变为电信号，而电信号的大小与被测组分的量或浓度成正比。当将这些信号放大并记录下来时，就是气相色谱图。当应用于风味分析时，气相色谱可用于检测和分离食物、饮料、香料和其他产品中的挥发性化合物，以揭示它们的成分和浓度。通过气相色谱检测，可以对复杂的风味物质进行分析，识别和定量。

（二）高效液相色谱技术

高效液相色谱（HPLC）是一项新型检测技术，它融合了传统液相色谱的原理，并结合了气相色谱技术的元素。在 HPLC 分析系统中，样品溶液首先注入进样器，然后被引入流动相中，流动相携带着样品通过固定相。在流动相和固定相中，样品中的各种成分根据其在两相中分配系数的不同而发生多次分配，最终在移动速度上产生明显的差异，使它们逐个从色谱柱中分离出来。这些分离的组分经过检测器检测后，转换成电信号，并以图谱形式输出。HPLC的优点包括进样量小、操作简便、高检测准确性以及适用于大批量样品的检测。因此，HPLC 广泛应用于食品中风味物质、添加剂、糖类、维生素、有害物质等的检测。

（三）气相色谱-质谱联用技术

气相色谱-质谱联用技术（gas chromatography-mass spectrometry，GC-MS）是一种强大的分析技术，用于确定和鉴定复杂混合物中的化合物。它结合了气相色谱（GC）和质谱（MS）两种分析技术，使其具有高度的选择性、灵敏度和分辨率。GC-MS 的第一部分是气相色谱，它将混合物中的化合物分离。在GC 中，样品首先被注射到一个气相色谱柱中，然后被加热，从而挥发出来。这些挥发性化合物在柱内根据其亲和性与柱内的固定相相互作用，分离成不同的组分。较早进入柱的化合物将较早地离开柱。在 GC 之后，分离的化合物进入质谱仪。质谱是一种将分子化合物转化为离子并测量其质量/电荷比（m/z）的技术。化合物首先被电离，然后在磁场中根据其质荷比分离。质谱仪会测量每个离子的 m/z 比，从而生成一个质谱图，显示了每个化合物的特征离子峰。

气相色谱-质谱联用是目前检测食品中挥发性风味物质较为优良的手段之一。气相色谱-质谱联用仪常与顶空固相微萃取技术联用，形成顶空固相微萃取-气相色谱-质谱技术，它作为一种快速高效的分析提取技术，具有前处理简单、选择性强、基质效应少和灵敏度高等优点，至今已在环境、工业、食品、药学、司法等各个领域得到广泛应用。顶空固相微萃取结合气相色谱-质谱技术的检测效果主要受样品用量、萃取头、萃取温度、萃取时间、盐离子浓度和解吸时间等因素的影响。

丁超等（2011）采用同时蒸馏萃取法结合气质联用仪，分别对新鲜果梅和不同烟熏阶段的乌梅中的挥发性风味成分进行定性和半定量分析。结果表明：果梅和烟熏 12h、24h、36h、48h 的乌梅中的挥发性成分的种类分别为 26 和 34、49、50、56 种。挥发性物质的相对含量百分数变化分别为：酚类从 0.75% 增加到 30.15%，碳氢化合物从 13.29% 增加到 30.62%，酯类从 23.35% 减少到 2.85%，醇类从 6.74% 减少到 0.18%，酸类从 37.27% 减少到 12.52%，羰基类从 17.49% 减少到 10.86%。果梅中的主体风味物质为酯类、醇类和羰基类化合物。乌梅中主体风味物质为酚类、羰基类。

林耀盛等（2015）以腌制果梅果肉为样品，采用顶空固相微萃取-气相色谱-质谱联用技术（HS-SPME-GC-MS）对果梅腌制过程中的风味成分分析鉴定，并进行统计分析。结果表明：其中，醛类物质 14 种、醇类 9 种、酯类 7 种、酸类 3 种、酮类 3 种、烷烃类 12 种和其他杂环类 2 种（占总挥发性的 84.52%），共检测出 50 种挥发性成分。在腌制过程中，醛类和烷烃类与腌制时间显著负相关（$p < 0.01$），醇类风味物质含量与腌制时间呈弱负相关（$p < 0.05$），酯类物质含量与腌制时间显著正相关（$p < 0.01$）。典型风味成分苯甲醛含量高达 19.80%，腌制第 2 天，果肉中风味成分含量高且丰富，当腌制第 8 天时，风味成分变化趋于稳定。

林凤屏等（2020）以新鲜永泰产果梅为原料，通过糖渍制得果梅露，分别对鲜果梅和果梅露的维生素、矿物质及水解氨基酸等基本营养成分进行测定，同时采用顶空固相微萃取结合气相色谱-质谱联用分析法对二者的挥发性香气组分进行分析。结果表明：鲜果梅和果梅露均含有丰富的维生素及矿物质，且果梅露的维生素 B_2 较鲜果梅大幅增加。果梅露较好地保存了鲜果梅中原有的氨基酸成分，药效氨基酸丰富，鲜味氨基酸含量高，且氨基酸均衡度略优于鲜果梅。糖渍后果梅挥发性香气组分由 16 种增加为 40 种，以醇类、酯类、醛类、有机酸为主。苯甲醛是鲜果梅的特征香气组分。

（四）气相色谱-嗅闻仪

气相色谱-嗅闻仪（gas chromatography olfactometry，GC-O）是将嗅觉和仪器检测结合起来的分析技术，将经过前处理的样品注入到在连有气味检测仪的色谱柱中，通过 FID 或 MS 检测器检测样品的化学组成，而嗅辨员则坐在气味仪的出口处，记录在气体流出物中所闻到的香气，定性地描述香气信息以及香气的强度，同时获得样品的化学组成和气味特征信息。常用的 GC-O 检测方法有时间-强度法、强度法、稀释法及检测频率法。由于人鼻通常比任何物理检测器更为敏感，GC-O 在气味分析方面具有强大的检测能力，使它在食品工业等行业有广泛的应用。

（五）高效液相色谱-质谱

高效液相色谱-质谱（HPLC-MS）法是一种具有高灵敏度、低检测限、强选择性且分析速度快的分析手段，常用于测定次生代谢物及易电离的物质，适合运用于目标性代谢物及脂质组学研究。相对气相色谱技术而言，液相色谱法在风味物质上的研究运用相对较少，对风味物质的检测主要集中在非挥发成分和低挥发成分的检测上。

三、化学计量学方法及应用

在挥发性风味物质的研究中，常用的化学计量学方法主要有聚类分析（cluster analysis，CA）、主成分分析（principal component analysis，PCA）、偏最小二乘-判别法（partial least squares discriminant analysis，PLS-DA）、正交偏最小二乘-判别法（orthogonal partial least squares discriminant analysis，OPLS-DA）和人工神经网络（artificial neural network，ANN）等。

PCA 分析是一种"无监督模式"的分析方法，是指通过降维的方法将原来变量重新组合成一组新的相互无关的变量，再根据需要从中选取几个较少的、尽可能多地反映原来变量信息的综合变量的统计方法。主要用于反映样品的整体趋势。要想寻找出组间的差异化合物具体是什么，还需要通过有"监督模式"的 PLS-DA 和 OPLS-DA 分析对数据进行更加深入的研究。PLS-DA 变量重要性投影（variable important for the projection，VIP）可以量化每个变量对分类的贡献，通常将 VIP 值大于 1 的物质表示在判别过程中具有重要作用。OPLS-DA 模型分析是在 PLS-DA 模型分析基础上发展起来的，由于滤除了与分类信息无关的噪声，OPLS-DA 分析比 PLS-DA 分析更能提高模型的预测效果。支持向量机（support vector machine，SVM）是一类以监督学习方式对数据进行二元分类的广义线性分类器，其决策边界是对学习样本求解的最大边距超平面。模式识别（Pattern recognition，PR）的问题就是用计算的方法根据样本的特征将样本划分到一定的类别中去。模式识别又常称作模式分类，从处理问题的性质和解决问题的方法等角度，模式识别分为有监督的分类和无监督的分类两种。二者的主要差别在于，各实验样本所属的类别是否预先已知。一般说来，有监督的分类往往需要提供大量已知类别的样本，但在实际问题中，这是存在一定困难的，因此研究无监督的分类就变得十分必要。上述既有相似的"降维"思维，又有各自的特点（表 5-1）。

表 5 - 1　常用化学计量法及特点

方法	分类	特点
PCA	无监督模式	保留原有信息，使数据矩阵简化，降低维数，但组间差异不明显的样本无法分开
PLS-DA/OPLS-DA	有监督模式	具有较强的信息提取能力、预测能力和模型相对简单
PR	无监督模式/有监督模式	利用某些特征，对一组对象进行分类和判断，被分类的对象被称为模式。常见的无监督模式的典型性判别方法有 Fisher 判别、Bayes 判别、K -最近邻法；有监督模式的判别方法为聚类分析法
SVM	有监督模式	其优势体现在解决小样本、非线性及高维模式识别中，可以用于物质的分类和回归分析

第四节　果梅安全指标（农残）检测方法

果梅农残检测是确保水果质量和食品安全的重要环节，有助于减少对人类健康的潜在危险。这个过程旨在确保水果的质量和安全，以满足食品安全标准和法规。果梅农残的主要检测指标为：多菌灵、氟虫氰、氰戊菊酯、S -氰戊菊酯、氧乐果和糖精钠等。现果梅农残标准按照标准《食品安全国家标准　植物源性食品中 331 种农药及其代谢物残留量的测定　液相色谱-质谱联用法》（GB 23200.121—2021）进行，步骤如下。

一、样品准备

（一）试样制备

随机取样 2kg，取后样品将其切碎，充分混匀，用四分法取一部分或全部用组织捣碎机匀浆后，放入聚乙烯瓶中或袋中。

（二）试样储存

将试样按照测试和备用分别存放，于－18℃及以下条件保存。

二、分析步骤

（一）样品前处理

称取 10g（精确至 0.01g）试样于 50mL 塑料离心管中，加 9mL 水涡旋混匀，静置 30min。加入 10mL 乙腈及 1 颗陶瓷均质子，剧烈振荡 1min。加入 4g 无水硫酸镁、1g 氯化钠、1g 柠檬酸钠二水合物、0.5g 柠檬酸二钠盐倍半水合物，剧烈振荡 1min 后 4 200r/min 离心 5min。定量吸取上清液至内含除水剂和净化材料的塑料离心管中（每毫升提取液使用 150mg 无水硫酸镁、25mg

PSA）；对于颜色较深的试样，离心管中另加入 GCB（每毫升提取液使用 2.5mg），涡旋混匀 1min，4 200r/min 离心 5min，吸取上清液过微孔滤膜，待测定。

（二）液相色谱参考条件

（1）色谱柱　C18，2.1mn（内径）×100mm，粒径 1.8μm 或相当者。

（2）流动相　A 相为甲酸铵甲酸水溶液，B 相为甲酸铵甲酸甲醇溶液。流动相梯度条件见表 5-2。

（3）流速　0.3mL/min。

（4）柱温　40℃。

（5）进样量　2μL。

表 5-2　流动相及其梯度条件（$V_A + V_B$）

时间（min）	V_A（%）	V_B（%）
0	97	3
1	97	3
1.5	85	15
2.5	50	50
18	30	70
23	2	98
27	2	98
27.1	97	3
30	97	3

（三）质谱参考条件

（1）离子源类型　电喷雾离子源。

（2）扫描方式　正离子和负离子同时扫描。

（3）电喷雾电压　正离子 5 500V，负离子-4 500V。

（4）离子源温度　350℃。

（5）雾化气　0.345MPa。

（6）辅助加热气　0.345MPa。

（7）多反应检测　每种农药分别选择至少 2 个子离子。所有需要检测的子离子按照出峰顺序，分时段分别检测。

（四）基质匹配标准工作曲线

选择与被测样品性质相同或相似的空白样品按照分析步骤进行样品前处理，得到空白基质溶液。精确吸取一定量的混合标准溶液，逐级用空白基质溶液稀释成质量浓度为0.002、0.005、0.01、0.02、0.05、0.1、0.2和0.5mg/L的基质匹配标准工作溶液，根据仪器性能和检测需要选择不少于5个浓度点，供液相色谱质谱联用仪测定。以农药定量用子离子的质量色谱图峰面积为纵坐标，相对应的基质匹配标准工作溶液质量浓度为横坐标，绘制基质匹配标准工作曲线。

（五）定性及定量

1. 保留时间 被测试样中目标农药色谱峰的保留时间与相应标准色谱峰的保留时间相比较，相对误差应在±2.5%之内。

2. 离子丰度比 在相同实验条件下进行样品测定时，如果检出的色谱峰的保留时间与标准样品相一致，并且在扣除背景后的样品质谱图中，目标化合物选择的子离子均出现，而且同一检测批次，对同一化合物，样品中目标化合物的离子丰度比与质量浓度相当的基质标准溶液相比，其允许偏差不超过规定的范围（表5-3），则可判断样品中存在目标农药。

表5-3 定性时离子丰度比的最大允许偏差

离子丰度比	>50%	>20%~50%	>10%~20%	≤10%
允许相对偏差	±20%	±25%	±30%	±50%

3. 定量 外标法定量。

（六）试样溶液的测定

将基质匹配标准工作溶液和试样溶液依次注入液相色谱质-质谱联用仪中，保留时间和离子丰度比定性，测得定量用子离子的质量色谱图峰面积，待测样液中农药的响应值应在仪器检测的定量测定线性范围之内，超过线性范围时应根据测定浓度进行适当倍数稀释后再进行分析。

（七）平行试验

按以上步骤对同一试样进行平行试验测定。

（八）空白试验

除不加试样外，采用完全相同的测定步骤进行平行操作。

三、结果计算

试样中各农药残留量以质量分数 ω 计，单位为毫克每千克（mg/kg），按公式（1）或公式（2）计算。

$$\omega = \frac{\rho_1 \times A \times V}{A_s \times m} \times \frac{1000}{1000} \qquad (1)$$

$$\omega = \frac{\rho_2 \times V}{m} \times \frac{1000}{1000} \qquad (2)$$

式中：ω——试样中被测物残留量的数值，单位为毫克每千克（mg/kg）；

ρ_1——基质匹配标准工作溶液中被测物的质量浓度的数值，单位为毫克每升（mg/L）；

ρ_2——从基质匹配标准工作曲线中得到的试样溶液中被测物的质量浓度的数值，单位为毫克每升（mg/L）；

A——试样溶液中被测物的质量色谱图峰面积；

A_s——基质匹配标准工作溶液中被测物的质量色谱图峰面积；

V——提取液体积的数值，单位为毫升（mL）：

m——式样质量的数值，单位为克（g）；

计算结果以重复性条件下获得的 2 次独立测定结果的算术平均值表示，保留 2 位有效数字，含量超 1mg/kg 时保留 3 位有效数字。

四、精密度

在重复性条件下，获得的 2 次独立测试结果的绝对差值不得超过重复性限（r）。

在再现性条件下，获得的 2 次独立测试结果的绝对差值不得超过再现性限（R）。

参 考 文 献

丁超，叶富根，李汴生，2011. 青梅烟熏过程中挥发性风味物质的变化 ［J］. 食品与发酵工业，37（10）：178-183.

贡东军，牛晓颖，王艳伟，等，2015. 支持向量机在李果实坚实度近红外检测中的应用 ［J］. 农机化研究，47（4）：172-175.

林凤屏，王雅芬，黄永梅，等，2020. 糖渍永泰青梅品质和风味的研究 ［J］. 福建师范大学学报（自然科学版），36（1）：63-69.

林耀盛，刘学铭，李升锋，等，2015. 青梅腌制过程中的风味物质变化 ［J］. 热带作物学报，36（8）：1530-1535.

陆丹丹，2017. 基于光谱图像的青梅品质预测及像素信度评价 ［D］. 南京：南京林业大学.

商亮，谷静思，郭文川，2013. 基于介电特性及 ANN 的油桃糖度无损检测方法 ［J］. 农业工程学报，29（17）：257-264.

唐荣伟，田玫瑰，唐玲，等，2018. 乌梅的 1H-NMR 指纹图谱研究 ［J］. 中国药房，29（19）：2644-2647.

杨亚洺，吴瑞，王瑞，等，2023. 基于电子感官技术和 GC-MS 分析不同干燥方式对乌梅风味的影响 ［J］. 现代食品科技，39（5）：252-260.

Costa R C, Lima K M G D 2013. Prediction of parameters (soluble solid and pH) in intact plum using NIR spectroscopy and wavelength selection [J]. Journal of the Brazilian Chemical Society, 24 (8): 1351 – 1356.

Kawai T, Matsumori F, Akimoto H, et al. , 2018. Nondestructive detection of split-pit peach fruit on trees with an acoustic vibration method [J]. The Horticulture Journal, 87 (4): 499 – 507.

Liu Y, Wang H, Fei Y, et al. , 2021. Research on the prediction of green plum acidity based on improved XGBoost [J]. Sensors, 21 (3): 930.

Sarigu M, Grillo O, Lo Bianco M, et al. , 2017. Phenotypic identification of plum varieties (*Prunus domestica* L.) by endocarps morpho-colorimetric and textural descriptors [J]. Computers and Electronics in Agriculture, 136: 25 – 30.

Terasaki S, Sakurai N, Zebrowski J, et al. , 2006. Laser doppler vibrometer analysis of changes in elastic properties of ripening 'La France' pears after postharvest storage [J]. Postharvest Biology and Technology, 42 (2): 198 – 207.

Wei X, Zhang Y, Wu D, et al. , 2018. Rapid and non-destructive detection of decay in peach fruit at the cold environment using a self-developed handheld electronic-nose system [J]. Food Analytical Methods, 11 (11): 2990 – 3004.

第六章　梅文化

　　梅是我国的原生植物，花果兼用，资源价值显著。梅作为一种物质的自然属性和作为崇高道德品格象征的精神属性被广泛挖掘，形成了丰富多彩的物质文化和精神文化。这种物质文化和精神文化的统一，表现在极具中华民族特色的梅诗词文化、饮食文化、药用文化和旅游文化，可以说，梅在我国有着极为广泛的社会基础。

第一节　梅诗词文化

　　梅，一颗充满神秘与诗意的果实，它的名字就仿佛蕴含着一种古老的东方智慧。从古至今，梅被赋予了坚韧、高洁的品质，士大夫欣赏它的幽雅、疏淡和清峭；普通民众则喜欢它的清新、欢欣与吉祥。在诗词歌赋中都有着浓厚的笔墨，成为文人墨客们抒发情感、寓言志趣的重要载体。现选取部分咏梅诗歌以佐证。

代东门行

南北朝·鲍照

伤禽恶弦惊，倦客恶离声。

离声断客情，宾御皆涕零。

涕零心断绝，将去复还诀。

一息不相知，何况异乡别。

遥遥征驾远，杳杳白日晚。

居人掩闺卧，行子夜中饭。

野风吹草木，行子心断肠。

食梅常苦酸，衣葛常苦寒。

丝竹徒满坐，忧人不解颜。

长歌欲自慰，弥起长恨端。

《代挽歌》

南北朝·鲍照

独处重冥下。

忆昔登高台。

傲岸平生中。

不为物所裁。

埏门只复闭。

白蚁相将来。

生时芳兰体。

小虫今为灾。

玄鬓无复根。

枯髅依青苔。

忆昔好饮酒。

素盘进青梅。

彭韩及廉蔺。

畴昔已成灰。

壮士皆死尽。

余人安在哉。

《生离别》

唐·白居易

食檗不易食梅难，檗能苦兮梅能酸。

未如生别之为难，苦在心兮酸在肝。

晨鸡再鸣残月没，征马连嘶行人出。

回看骨肉哭一声，梅酸檗苦甘如蜜。

黄河水白黄云秋，行人河边相对愁。

天寒野旷何处宿，棠梨叶战风飕飕。

生离别，生离别，忧从中来无断绝。

忧极心劳血气衰，未年三十生白发。

《春日题山家》

唐·李郢

偶与樵人熟，春残日日来。

依冈寻紫蕨，挽树得青梅。

燕静衔泥起，蜂喧抱蕊回。

嫩茶重搅绿，新酒略炊醅。

漠漠蚕生纸，涓涓水弄苔。

丁香政堪结，留步小庭隈。

《梅实》

宋·杨公远

累累青子缀枝丫，一味含酸软齿牙。

不独曹军资止渴，也曾调鼎佐商家。

《乌梅》

宋·李龙高

妇舌安能困董宣，曹郎那解污张翰。

任君百计相薰炙，本性依然带点酸。

《青梅诗》

元·图帖睦尔

自笑当年志气豪，手攀金杏弄金桃。

滇南地僻无佳果，问著青梅价也高。

雨晴后步至四望亭下鱼池上遂自乾明寺前东冈上归二首（其一）

宋·苏轼

雨过浮萍合，蛙声满四邻。

海棠真一梦，梅子欲尝新。

拄杖闲挑菜，秋千不见人。

殷勤木芍药，独自殿余春。

《立夏》（其一）

明·沈守正

青梅如弹酸螫口，家家蒌蒿佐烧酒，解衣科顶事不久。

子规坐占黄鹂枝，幽人惜春春不知。

第二节　梅饮食文化

梅是我国的传统水果，早在 7 000 多年前我国先民已经重视梅果的食用价值。从考古发掘上来看，在多处遗址和墓葬的考古发掘中都出土有梅核。20世纪80年代初河南新郑裴李岗遗址出土了已知的最早的梅核，而这一遗址距今7 400多年前的新石器时代，可知当时人们的生活中梅果已不同于一般果品。我国最早的著名民歌集《尚书·说命下》中说"若作和羹，尔惟盐梅"，意即要做美味的羹汤，就要用盐和梅来做调味料，又如《左传·昭公二十年（公元前522年）》"和如羹焉，水火醯醢盐梅以烹鱼肉"。这都表明盐和梅子是当时烹饪中不可或缺的调味品，说明盐和梅子的独特风味能够为菜肴增添特殊的美味。又如《旧题汉2孔审国"传"》中说："盐咸，梅醋，羹须盐醋以和之"，说明在商周时代，梅果已成为人们生活中重要的调味品，它的作用相当于现在的醋。梅果独特的高酸特性，使其具有生津止渴的功效。基于梅果的这种特性，浓厚酸味还可以刺激唾液分泌，于是有了"望梅止渴"的典故。

传统的梅产区如苏州光福（邓尉）、杭州超山、广州萝岗等地的梅田花海仍有程度不等的延续，其中杭州余杭超山为上海冠生园陈皮梅的原料基地。随着陈皮梅在上海等大都市的畅销，果梅种植面积进一步扩大，成了民国年间最大的赏梅胜地，名震全国。同时，广州东郊萝岗的果梅产业也较兴旺，其势头一直延续到20世纪50—60年代，"萝岗香雪"成为名动一方的胜景。改革开放以来，随着水果种植业的兴起，尤其是果梅制品的大量出口，在浙东、苏南、闽南、粤东、川西、广西、贵州、云南等地都有大规模的梅产地，这些乡村田园风光的梅景气势壮阔，引起人们极大的赏花兴致。

梅的主要加工品有白梅和乌梅。由于梅果的高酸含量，一般在4%～7%，是一般水果的近10倍，使得梅果一般无法直接生食。因此，人们通常会对梅果进行加工，制成不同形态的食品。《食经》是一部古代中国的食谱书，内容包括了古代中国的饮食制作方法和食材运用，其首次记载了关于梅果加工的方法，特别是有关腌制梅子加工方法的记录。《齐民要术》里面详细地记录了梅果的不同制作方法："作白梅之法：梅子酸，核初成时摘取，夜以盐汁渍之，昼则日曝。凡作十宿、十浸、十曝，便成矣；作乌梅法：亦以梅子核初成时摘取，笼盛，于突上熏之，乾干，即成矣。"这是我国关于白梅和乌梅加工的最早记载。之后，历代文献中也曾多次提到白梅和乌梅的制法。从古籍所载的加工方法来看，白梅相当于现代的咸梅干（梅坯），是当时主要的食品和调味品。明代以后，梅果的加工制品日益增多。《本草纲目》记载有梅酱，还有果梅、甘草梅（《汀州府志》）、乌梅糕（《临汀汇考》）等。

随着食品科学的发展，现代梅果加工品在多样化和质量方面取得了长足的发展，在原料选择、加工工艺和包装方面均有所改进，同时也涌现出了许多新型梅果加工食品。传统的梅制品如干湿梅、咸梅干（梅坯）、话梅、糖果梅（清口梅、糖脆梅）、梅脯、梅酱、鲜梅汁、梅晶固体饮料、乌梅和酸梅汤等依然受到人们的喜爱。但随着消费者口味的不断变化，梅果加工业也在不断创新，梅酒、梅汁精、梅醋、梅子糖、梅子果浆、梅子果冻、梅子点心、果梅味芝士等新型产品应运而生。目前还将梅加入茶中制成梅子茶，为茶文化增添了独特的风味，也为市场带来了更多的选择。

在果梅现代加工过程中，副产品梅卤也得到充分利用，不仅减少了资源浪费，还为企业创造了更多的经济效益。梅卤可以被用来制作调味品、酱料等，为企业带来了更多的商机。这种循环利用的方式不仅有助于提高企业的生产效率，还符合可持续发展的理念。

以梅作为食材原料，利用果、花、根、叶等可以制作出丰富多样的梅食品，包括：酸梅汤、梅花系列、梅酒、食用果梅等，深受人们喜爱。

酸梅汤是一种历史悠久、广受欢迎的饮品，以其酸甜开胃的口感和清凉解渴的特点而备受推崇。相传元朝末年，湖北襄阳地区暴发了瘟疫，朱元璋正好前往该地贩卖乌梅。在疫情肆虐之际，朱元璋也染病在床。偶然间，他食用了乌梅后感到神清气爽，于是便熬制成汤饮用。不久之后，他的身体便恢复了健康。为了帮助更多的人摆脱疾病的折磨，朱元璋将所有的乌梅熬制成酸梅汤，并免费分发。这个故事在襄阳城内传为美谈，也因此留下了童谣"桂花开，乌梅香，江南和尚做客商，左金鸡，右玉兔，起事在襄阳"。制作酸梅汤的重要原料是乌梅，也是一味重要的传统中药。其制法是将充分成熟的梅果经过烘焙干制而成。乌梅色泽乌黑发亮，手摇时核仁发出清脆的声音，手摸感觉微黏。由于乌梅能够长时间保存且不易变质，同时具有药用功效，因此现代酸梅汤多选用乌梅作为主要原料，并适量添加冰糖以调整口感。酸梅汤作为一种古老而又美味的饮品，不仅具有丰富的文化内涵，更是人们在夏季解暑消暑的最佳选择。通过精心的制作工艺和选料，酸梅汤的口感和营养价值得到了最大程度的保留，成为了人们喜爱的饮品之一。

梅花可做成各种美味的花卉食品，如梅花汤、梅花脯、梅花粥等，《本草纲目》中载："近时有梅花汤：用半开花，溶蜡封花口，投蜜罐中，过时以一两朵同蜜一匙点沸汤服。又有蜜渍梅花法：用白梅肉少许，浸雪水，润花，露一宿，蜜浸荐酒。又梅花粥法：用落英入熟米粥再煮食之。故杨诚斋有"蜜点梅花带露餐"及"脱蕊收将熬粥吃"之句，皆取其助雅致、清神思而已。此外，清赵学敏《本草纲目拾遗》载："海澄人蒸梅及蔷薇露，取如烧酒法，酒一壶，滴少许便芳香"。这是先人根据芳香油与水的沸点不同，利用分馏技术，将芳香油提取出来，用作食品的添加剂。由此可知，梅子、梅实、梅花在先人的日常生活中因可以食用的特点而受到重视。

梅酒酿造在中国有着悠久的历史，被视为一种传统的酿酒工艺。其制作工艺经过了数百年的发展和传承，形成了独特的酿造方法。制作果梅酒的关键是选用新鲜的水果和高质量的酒精，与糯米、糖和白酒等天然原料相融合，通过时间的酝酿和发酵，最终酿造出醇厚香甜的梅酒。梅酒具有独特的风味特点，常常作为节庆、宴席或家庭聚会的饮品，也被用于中医药酒中。在一些地方，梅酒还被用于祭祀、招待客人等场合，此外，梅酒还常常被赋予一些象征意义，例如寓意着幸福、团圆等美好寓意，成为中国传统文化中的一种传统的文化符号和重要饮品之一，也体现了中国人对梅的独特情感和对自然的敬畏。

在 2 500 年前的春秋时代，人们就已开始引种驯化野梅，使之成为了家梅——果梅，可直接用于生食。随着时间的推移，人们对梅果进行加工，制造出了多种食用品，如梅干、话梅、话梅糖、梅酱、梅膏等。

第三节　梅旅游文化

梅树姿古朴，花色素雅，花态秀丽，极具观赏价值，富含旅游文化元素。梅花花期特早，被誉为"花魁""百花头上""东风第一枝""五福"之花，深受广大人民的喜爱。其清淡幽雅的形象、高雅超逸的气质，尤得士大夫文人的欣赏和推重，引发了丰富多彩的文化活动。梅花被赋予了崇高的道德品格象征意义，产生了广泛的社会影响，形成了深厚的文化积淀，在我国观赏花卉中地位非常突出，值得我们特别重视。

各地梅园尤其是产区梅景包含着丰富的观光旅游资源，各地政府和社会正在逐步加以开发和建设。南京、武汉、丹江口、泰州等城市将梅花推举为市花。武汉、南京、无锡、青岛等梅园，四川大邑、贵州荔波、福建诏安、广东从化等果梅产地也都积极举办梅花、果梅文化节，形成了广泛的社会影响。在旅游成为时尚的今天，这些地区性的花事活动大多闻名遐迩，吸引了不少游客，极大地丰富了人们的精神生活，有力地促进了梅文化的传播。

当代民众对梅花的美好形象和传统意趣热情不减，这鲜明地体现在传统名花与国花的评选活动中。1987 年 5 月，由上海文化出版社和上海园林学会等五家单位联合主办"中国传统十大名花评选"活动，经过海内外近 15 万人的投票推选和全国 100 多位园林花卉权威专家、各方面的知名人士评定，最后选出"中国十大传统名花"，梅花名列其首，这充分反映了当代民众对梅花的由衷热爱。在 1994 年以来的"国花"评选活动中，各界人士的意见一共有三类四种，一是"一国一花"，而这一花又有牡丹、梅花两种不同主张；二是"一国两花"，主要主张牡丹与梅花同为国花；三是"一国多花"，1994 年全国花协曾组织过一次评选活动，结论是以牡丹为国花，兰、荷、菊、梅四季名花为辅。无论是哪种方案，梅花都是"国花"的重要选项，反映了我国人民对梅花作为民族精神和国家气象之象征的深度认同。

案例一：上杭乌梅景区

上杭县是福建省三大青梅基地之一，"上杭乌梅"久负盛名，迄今已有600多年的历史，为明代御用极品。《上杭县志》记载："乌梅，杭城附郭之乡多植梅，惟水南、张滩二处尤多，取青梅以火熏干成黑，故名上杭乌梅。"它药食同源，既能做食物，又能入药，具有止咳、消炎、止泻、生津止渴等功效。杭梅（乌梅）制作技艺已被列入龙岩市非遗名录。

上杭县湖洋镇观音井是省内最大的单一品种梅花种植区，也是福建百果园生态农业股份有限公司打造的一个集休闲观光、绿色餐饮、农业科研和乌梅种植GAP基地为一体的休闲农业与乡村旅游示范点，建有青梅文化展示与销售中心、青梅采摘园、梅花观赏园、月亮湖、青梅工坊等，并结合餐饮的发展形成立体农庄。

湖洋镇文光村通过打造万亩果园、千亩梅花，大力开展人居环境提升工程，打造"福建省梅花节"旅游品牌，把产业优势与乡村旅游相结合，采摘、旅游产业得到较大发展，村容村貌得到较大提升，先后被评为省级休闲农业示范点、国家AAA级旅游景区、福建省乡村振兴试点村、福建省乡村旅游特色村等。

案例二：浙江长兴乌梅旅游景区

浙江是乌梅的原产地，最北端的长兴县又被称为"乌梅之乡"。特别是长兴小浦镇八都岕的乌梅以"色泽乌、酸度高、香味浓"而闻名，明嘉靖年间被列入"长兴特产"。20世纪30年代，长兴出口的"合梅"（乌梅）享誉东南亚。八都岕乌梅于2019年列入浙江省湖州市非物质文化遗产名录。

方一村就在十里古银杏长廊景区入口，是景区着力打造的民俗文化村，也是当地唯一一个拥有梅林的村落。这里的村民习惯将青梅变成黄梅，再由黄梅加热熏制而成乌梅。乌梅产地梅园进行升级改造，通过发展乡村文旅为主，带动共享农业、观赏农业发展的振兴路，仅梅花盛开期间就吸引1 300多名游客到百亩梅园打卡拍照，带动周边旅游收入20余万元，极大地带动了当地农产品销售和村民增收。

目前，长兴县十里古银杏长廊景区，良好的生态环境与独具特色的旅游项目，成为景区最大卖点，每年游客数量都能达25万人次，实现旅游经济总收入3 860万元，真正让当地百姓分享到了美丽乡村带来的旅游红利。

案例三：达州乌梅山旅游景区

乌梅山景区是国家地理标志性产品"达川乌梅"的原生地，"中国乌梅之乡"核心园区，也是秦巴山地度假旅游目的地的重要组成部分之一。乌梅山，群山环抱，绿水环绕，留有中国目前最大的乌梅古树丛林，现存百年以上树龄的乌梅古树1 500余株，其中一株距今有600多年历史，是迄今为止国内发现的最为古老的乌梅树，有"乌梅树王"之称。达川乌梅基因纯正、品质优良，具有果大、肉厚、酸度高等特点，是标准的 GAP 制标品种，种植面积达 16 667hm²，年综合产值 5.1 亿元。

达川将文化元素植根乡村，打造融文旅、农旅于一体的"乌梅文化体验＋自然观光＋养生度假＋乡村休闲"的"乌梅文化＋"系列主题化文化旅游区，建设乡村振兴示范带。

达川区百节镇中药材种植以乌梅为主，种植面积 100hm²，形成"万亩乌梅产业示范园区"，主要分布在乌梅山、肖家、玉龙、鼓楼、关坪等村，系达川区中药材（乌梅）现代农业园区标准种植 GAP 基地核心区。园区按照一二三产业融合发展的要求，打造以乌梅种植为主导、乌梅文化展示和乡村旅游相结合、基础建设相配套的现代农业示范园，区域内达州市乌梅中医药博物馆被评为第二批四川省中医药文化宣传教育基地，达川区乌梅山中医药康养中心被评为"四川省中医药健康旅游示范基地"，2023 年被评为"首批国家农业产业强镇""省三星级中药材现代农业园区"，也是达州市首批三星"秦巴药乡"。

景市镇辖区面积 2 200hm²，规划面积 1 500hm²，核心区域在百节镇鼓楼村、玉龙村、乌梅山村、肖家村和景市镇茶园寺村、文家场村 6 个村，辖区面积 4 817.5hm²，耕地面积 1 302.5hm²，主导产业乌梅面积 812.6hm²，2022 年投产面积为 806.6hm²，产量 19 360t。园区 2022 年实现总产值 54 477.27 万元，其中乌梅产业综合产值 41 360.68 万元，乌梅产业产值占园区总产值的 75.92%。园区农业人口为 12 534 人，带动农户数 3 108 户，实现农民人均可支配收入高达 25 995 元，高于同期全区平均水平 25.8%。

一朵乌梅花、一颗乌梅果，成就了一座乌梅山；一座乌梅山，又吸引了无数喜爱乌梅的人。在达州，乌梅山早已远近闻名，不仅因其是 4A 级景区，更重要的是这里已成为达川区最靓丽的农文旅品牌。

参 考 文 献

何英伟，2015. 我国梅花栽培的历史、应用及文化 [J]. 花卉 (1)：26-28.

陈艳华，陈建荣，2011. 试论我国传统梅文化之精神文化 [J]. 云梦学刊，32 (1)：116-117.

常敬宇，2008. 谈梅文化 [J]. 汉字文化，(4)：87-89.

陈艳华，陈建荣，2010. 试论我国传统梅文化之实用文化 [J]. 艺术教育 (2)：144.

褚孟嫄，房经贵，2001. 果梅文化 [J]. 北京林业大学学报，23 (S1)：47-49.

程杰，2001. 梅花象征生成的三大原因 [J]. 江苏社会科学 (4)：160-165.

林伯翔，2001. 咏梅诗发展梗概 [J]. 北京林业大学学报，23 (S1)：90-91.

张艳芳，2001. 《梅花喜神谱》与梅花开花过程及其他 [J]. 北京林业大学学报，23

(S1)：69-70.

薛芸，王树栋，2009. 中国梅文化及梅花在园林造景中的应用［J］. 北京农学院学报，24
  （1）：69-72.

王彩云，陈瑞丹，杨乃琴，等，2012. 我国古典梅花名园与梅文化研究［J］. 北京林业大
  学学报，34（S1）：143-147.

吴涤新，1995. 梅文化在日本的传承［J］. 北京林业大学学报，17（S1）：8-11.

程杰，2011. 古代五大梅花名胜的历史地位和文化意义［J］. 阅江学刊，3（1）：
  107-113.

李艳梅，李漫莉，刘青林，2011. 日本梅花文化与品种介绍［J］. 中国花卉园艺（2）：
  46-47.

图书在版编目（CIP）数据

四川果梅生产理论与实践／唐志康主编. -- 北京：
中国农业出版社，2024.7. -- ISBN 978-7-109-32246-2

Ⅰ. S66

中国国家版本馆 CIP 数据核字第 2024VS0072 号

四川果梅生产理论与实践

SICHUAN GUOMEI SHENGCHAN LILUN YU SHIJIAN

中国农业出版社出版

地址：北京市朝阳区麦子店街 18 号楼

邮编：100125

责任编辑：陈沛宏　黄　宇

版式设计：王　晨　责任校对：吴丽婷

印刷：北京通州皇家印刷厂

版次：2024 年 7 月第 1 版

印次：2024 年 7 月北京第 1 次印刷

发行：新华书店北京发行所

开本：700mm×1000mm　1/16

印张：10.5　插页：4

字数：250 千字

定价：68.00 元

彩图 1-1　达川乌梅标准化基地

彩图 1-2 达川乌梅丰产

彩图 1-3 达川区乌梅后（树龄 600 年以上）

彩图 1-4　达川果梅资源普查现场

彩图 1-5　达川区农业农村局郭小文研究员带领课题组师生采集达川乌梅资源

彩图1-6　达川乌梅

彩图1-7　平武果梅

彩图1-8　平武果梅现代农业园区一角

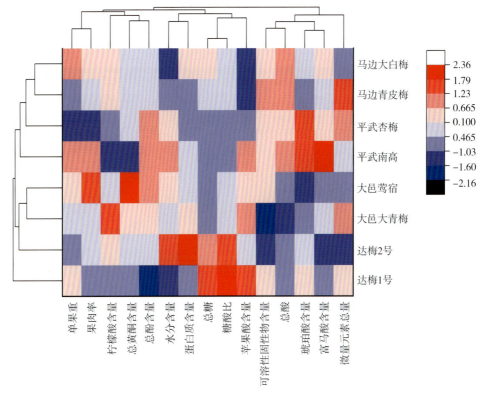

彩图 2-1　四川主产区 8 个品种果梅果实品质聚类热图

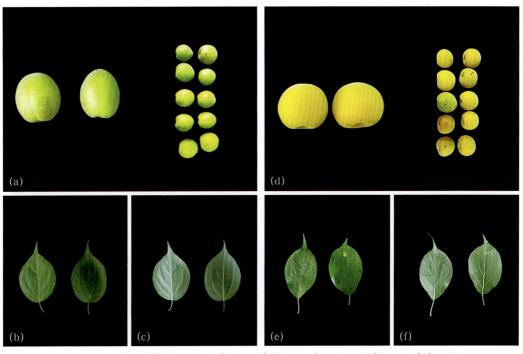

彩图 2-2　达川乌梅 DC001 果实 (a)、叶片 (b)(c) 与 WMH 果实 (d)、叶片 (e)(f)

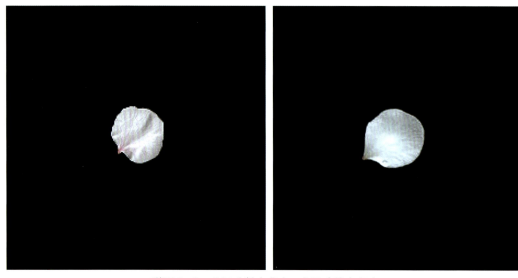

彩图 2-3　A32（粉白色），A20（纯白色）

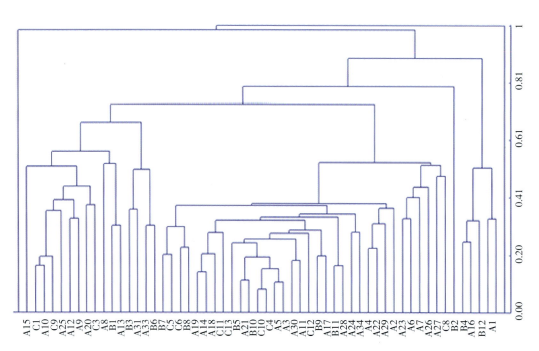

彩图 2-4　达川乌梅种质资源 ISSR 分子标记的聚类图

嫁接育苗

扦插育苗

种子育苗

基地育苗

彩图 3-1　常见各种育苗方式

彩图 3-2　达川乌梅良种繁育中心

彩图 4-1　精酿乌梅酒

彩图 4-2　达川烟熏乌梅干

彩图 4-3　达川乌梅露

彩图 4-4　达川乌梅花茶

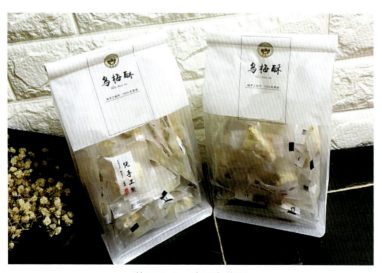

彩图 4-5　达川乌梅酥